读好书系列

古兽真相

GU SHOU ZHEN XIANG

图书在版编目（CIP）数据

古兽真相／光玉主编.—长春：吉林出版集团股
份有限公司，2011.4
（读好书系列）
ISBN 978-7-5463-4272-6

Ⅰ.①古…　Ⅱ.①光…　Ⅲ.①古动物—哺乳动物纲—
青少年读物　Ⅳ.①Q915.87-49

中国版本图书馆 CIP 数据核字（2010）第 240971 号

古兽真相
GUSHOU ZHENXIANG

主　　编　光　玉
出 版 人　吴　强
责任编辑　尤　蕾
助理编辑　杨　帆
开　　本　710mm×1000mm　1/16
字　　数　120 千字
印　　张　10
版　　次　2011 年 4 月第 1 版
印　　次　2022 年 5 月第 3 次印刷

出　　版　吉林出版集团股份有限公司
发　　行　吉林音像出版社有限责任公司
地　　址　长春市南关区福祉大路5788号
电　　话　0431-81629667
印　　刷　河北炳烁印刷有限公司

ISBN 978-7-5463-4272-6　　定价：34.50 元

版权所有　侵权必究

前言

走路的鲸，游走在欧洲大森林的边缘，在水陆两地乱窜，它如何成为今天的海洋一霸？肩高 30 厘米的始马，肩高 70 厘米的始祖象，和大狗狗一样可爱，它们如何慢慢变大，成为我们身边熟悉的大型动物？

兽兽起义。从巨颅兽、始祖兽、爬兽到中国袋兽，这些恐龙时代的哺乳动物在恐龙的后方揭竿而起，宣誓要取而代之，于是进化出现了古哺乳动物的各大门类祖先。

剑齿无敌。从恐齿猫、始剑齿虎、祖猎虎、袋剑齿虎、刃齿虎到最后的巴博剑齿虎，这些不同类型的食肉动物抵制不住剑齿的诱惑，在演化中长出了这种壮观的武器，在草原森林间制造场场血腥的杀戮。

这些珍禽异兽，也许是世上最令人目眩的动物。为此，本书介绍了 100 余种极具代表性的古哺乳动物，同时讲述了这些物种身上惊心动魄的史诗式故事，令你仿佛置身于早已消逝的动物王国。

此外，本书还加入了科学史、古地理学、古气候学、生物进化学、生态学、地质学、地层学、解剖学等方面非常丰富的知识，为你还原出一个真实的古兽世界，也为你奉献一本极具参考和收藏价值的古兽类读物！

书中涉及的各种知识，凡是存在争议的，皆采用了最主流的观点。在此感谢中国科学院古脊椎动物与古人类研究所的李传夔、王元青、周忠和、胡耀明、汪筱林、刘金毅、王原等研究员，美国堪萨斯大学的拉里·马丁（Larry Martin）教授、美国自然史博物馆的孟津教授、美国匹兹堡卡内基自然史博物馆的罗哲西教授为本书提供了资料。此外，还要感谢中国恐龙网的颜璪、杨鹤林、张宗达、闫天阳、邓信杰、吴文昊、赵亮等编辑，以及王申娜女士。

相信这本《古兽真相》能够成为你视觉上的盛宴，与古生物学家一起分享发现的乐趣。其实，古生物不是远古怪兽，它们的形象、生活习性在现代动物身上都可以看到影子。所以博古通今，热爱并保护大自然是我们的美好期冀。由于我们掌握的资料有限，本书难免有不足之处，敬请各位读者指正。

目 录
MULU

001

埃及猿

古兽档案

中文名称：埃及猿
拉丁文名：*Aegyptopithecus*
生存年代：早渐新世
生物学分类：灵长类
主要化石产地：埃及
体形特征：体重6~7千克
食　　性：果实和树叶
释　　义：埃及的猿猴

>>>

　　趁早上的雾气还没消散，几只埃及猿离开了过夜的巢穴，相互招呼着来到海边。它们虽然更喜欢吃水果、嫩叶，但显然也不愿意浪费任何一次能摄取动物性蛋白质的机会。几只小螃蟹仓皇逃进了沙滩上的洞穴，埃及猿没有理会这些小东西，因为多数埃及猿都知道，被螃蟹的大螯夹住是非常痛苦的事情，甚至把这种恐惧也延伸到了甲虫、蝎子身上。它们更喜欢捡食那些被海浪冲上岸的死鱼、死虾。雾气开始消散，这几只埃及猿吞下几条小鱼后，相继钻进了不远的红树林中休息。白天对它们来说太过酷热了，它们平时更多在傍晚或者夜晚活动，而白天只是依偎在一起熬过燥热的时光……

>>>

埃及的法雍采石场堪称全世界最重要的一个新生代化石点。在法雍的化石中，能找到很多哺乳类的早期代表，如始祖象、早期的海牛、蹄兔和蝙蝠等，甚至还有作为美洲有袋类代表的负鼠，但最引人注目的还是极度多样的灵长类。法雍可以说是世界上最集中的灵长类化石点，既有残存下来的早期低等灵长类代表，也有新兴的高等灵长类，埃及猿就是其中较著名的一种。

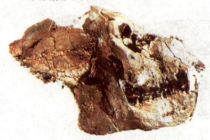

▼埃及猿头骨化石

埃及猿属于原上猿科。该科最早被发现的化石就是1908年发现于法雍的一块下颌骨，后被命名为海克尔原上猿。原上猿因比更早发现的上猿更原始而得名，体重约4千克，与今天非洲的长尾猴相似。

原上猿类一共被发现了4种，除法雍之外，在阿拉伯半岛等地也有发现。20世纪60年代，人们在法雍的一系列发掘中又发现了原上猿科的另外一属——埃及猿。埃及猿只有一种，但化石材料较多，后来又陆续发现了身体各个部位的化石，使其成为人们了解最多的早期高等灵长类。

埃及猿身体粗壮，平均体重6至7千克，在当时的灵长类中已属于体形最大的了。它们的头骨比现存所有的狭鼻类（旧大陆猴和猩猩等）都要原始，颅容量也较小，但比任何低等灵长类都要进步。从埃及猿的牙齿来看，它们主要以果实为食，同时也吃很多树叶；而其肢骨则显示它们是树栖的四足动物。此外，雌雄埃及猿的犬齿发达程度不同，这可能表明它们过着一夫多妻的群体生活。

包括埃及猿在内的原上猿类是当时最进步的灵长类，而其分类地位也曾有过很大变动。它们过去被视为早期猿类，生活在猿类和旧大陆猴类分化之后。但是后来的研究认为，它们与猿类的相似特征不过是一些共同的原始特征，而且其身上还有许多地方更接近现存的阔鼻类甚至低等灵长类，而不是狭鼻类。因此现在的观点认为，原上猿类并不是真正的猿，而是后来包括猿类和旧大陆猴类在内的狭鼻类的共同祖先。

晚始新世到早渐新世是地球历史上一个重要的时期。在此期间全球气候发生了巨变，一批早期的动物逐渐消失，而新的动物群开始诞生。埃及法雍的化石作为这个时期的代表，记录了这个承上启下的重要过程。法雍的灵长类丰富多彩，而埃及猿和它的同类们为高等灵长类的繁盛揭开了序幕。

埃氏马

古兽档案

中　文　名　称：埃氏马
拉　丁　文　名：*Equus eisenmannae*
生　存　年　代：早更新世
生物学分类：奇蹄目
主要化石产地：中国
体　形　特　征：身长2.7~3.0米，身高1.8米
食　　　　性：植食性
释　　　　义：埃森曼的马

》》》

雨足足下了一夜，直到清晨才结束，大草原笼罩在一层浓雾中。山坡上，一群埃氏马挤在一起，互相吸取着同伴身上的热量。几匹小马被雨水淋了一夜，正躲在母马肚皮下瑟瑟发抖，成年马则焦躁不安地摆动着耳朵。

大草原其实并不需要太多的雨水，过多的水会把这里变成柔软的稀泥地，而泥水会让埃氏马腿上糊满泥巴，影响它们的奔跑速度甚至让其摔倒，这对

于体重几百千克的它们来说会是不小的伤害。正因为如此，它们不得不走到较高的坡地上躲避雨水。这时太阳微微露了一下头，再次被裹进云里，天空还是没有放晴。几声微雷响过，冰冷的雨水又开始落下……

>>>

人类最初驯养欧洲野马时，并没有意识到他们实际上拯救了一类濒临灭绝的动物。欧洲野马其实是真马家族的最后代表之一，而曾经广泛分布在南北美洲、亚欧大陆和非洲的各种真马大多已在更新世灭绝。

真马是一个很笼统的称呼，它包括地质史上所有长着一个脚趾的马，如普氏野马、藏野驴、普通斑马等。它们是马科动物中最进步和年轻的一类，有观点认为从晚上新世到早更新世期间，全球气候更加趋于干冷，这使许多地方的森林被草原取代，这种变化可能促进了生存在草原上的真马的发展。

两匹斑马在相互亲切地问候

最早的真马出现在约350万年前的北美洲，并在约250万年前通过白令陆桥进入亚洲，并在东亚地区逐渐演化成为埃氏马。在根据对世界各地化石真马的对比后，人们才发现原来埃氏马是迄今为止所发现的最大的真马。

埃氏马主要生活在距今250万至240万年的中国甘肃等地，成年马比现代的家马和蒙古野马高大得多。虽然它们身材庞大，但却并不笨重。细长的肢骨和较窄的蹄子显示埃氏马是一种很适应草原生活并且非常灵敏的马。

庞大的身躯决定了埃氏马需要很多的能量，它们一天之内肯定会把大量的时间花费在寻找和咀嚼食物上。有趣的是，拉长的面部使它们吃草时能将眼睛保持在草丛顶部的上方，从而观察到四周的危险，堪称一举两得。

从身体结构上看，埃氏马可能是北美早期真马——简齿马的后代。埃氏马灭绝后约50万年，更多真马家族的成员涌现出来并迅速扩散，成为数量众多的一类食草动物。直到更新世结束，世界各地的野马才陆续消亡，至今就连最后的普氏野马也没有真正野生的了。

虽然埃氏马有极强的适应性，但它们还是灭绝了。一如其他真马的灭绝，人们至今仍找不到准确原因。不过根据一般规律，体形巨大的动物需要大量的食物与生存空间，而当生存环境发生变化时，它们在激烈的生存竞争中总会首当其冲遭到打击。就这样，这世界第一大马在漫长的进化史中匆匆而过，只留下巨大的骸骨供后人凭吊。

安氏中兽

古兽档案

中 文 名 称：安氏中兽
拉 丁 文 名：*Andrewsarchus*
生 存 年 代：晚始新世
生物学分类：踝节目
主要化石产地：亚欧大陆、北美洲
体 形 特 征：身长5.0米，体重>1.0吨（蒙古安氏中兽）
食　　　　性：杂食性
释　　　　义：安德鲁斯的中兽

》》》

　　3 800万年前的晚始新世，全球气候开始从温暖逐步转冷，干燥的季风开始席卷蒙古地区。雨林开始被季节性的林地和生长着灌木丛的平原所取代，在河流的附近，植物层层叠叠地生长着，灌木丛的枝芽不断地冒出，河流边的空地上很快就被一层绿色所覆盖。在不远的河道转弯处，一具高度腐烂的尸体躺在浅水中。一个叫安氏中兽的大个子强盗正在努力地撕扯着尸体仅存的一些肌肉，顺便把一些诸如肋骨之类的骨骼咬碎，然后一起吞下去。即使是巨大的股骨和脊椎，也很快消失在它那不停开合的巨嘴里……

>>>

　　这个场面在晚始新世的蒙古原野可能并不少见，而那个大个子强盗就是声名显赫的蒙古安氏中兽。它光是头部就有83厘米长，全身长度可达5米，体重超过1吨，堪称有史以来最大的陆地食肉哺乳动物之一。

　　作为踝节类动物，蒙古安氏中兽常被描绘成外形似大狗、脚上长蹄的猛兽，相当于"披着狼皮的羊"。然而，它们虽有令人生畏的巨头和有力的双颌，嘴也大得吓人（而颅容量不大，可能智力不高），但缺乏积极掠食动物应具备的一些特质。从北美洲发现的安氏中兽较完整的化石来看，其四肢与其他中兽类相似，脚趾形成爪状的蹄。这虽能使它们迅速奔跑，却不适合扑杀猎物。安氏中兽口中的犬齿虽然粗大，但并不锐利，也没有专用于撕裂食物的裂齿。与当时的主要的掠食哺乳动物——肉齿类相比，安氏中兽更像是杂食动物，其食谱可能主要是尸骸和植物的根、茎等，自己猎食的情况较少。

▼凶猛的安氏中兽复原模型

　　1923年，在第三次中亚野外考察中，时任领队的安德鲁斯在今天蒙古国曼汗（Manha）附近的晚始新世岩层中发现并最先描述了这种动物。当时发现的骨骼标本主要是一个巨大的头骨及相应碎片，安德鲁斯当时认为可能是一种未知的史前大型食肉动物，后经多位科学家的研究将其确定为中兽类，定名为蒙古安氏中兽。此后在亚欧大陆的其他一些地方和北美洲还发现了它的一些近亲，如我国的河南安氏中兽和粗壮安氏中兽。

　　中兽科动物是踝节类中偏于肉食性的一类，在古新世、始新世十分繁盛，目前人们已在亚欧大陆和北美洲发现了几十种。它们的体形差异很大，小者如豺狗，大者则超过棕熊。根据其多样化的食性，大体可分为4种类型：肉食性型——个子不大，牙齿细小，如双尖中兽；进步的肉食性型——牙齿适于切割，一些种类的脚部适应快跑，如中兽、软中兽、鱼中兽等；杂食兼肉食性型——牙齿较大而特化，以厚中兽为代表；压骨型——下颌强壮有力，牙齿粗大，体形较大，包括强中兽、蒙古中兽和安氏中兽。

　　因目前只在晚始新世发现了安氏中兽的化石，数量也有限，因此学界还无法知道其具体的演化路线。鉴于其骨骼存在一些相当特化的结构，目前多数学者都认为它们应是中兽类中早期分化出的一支，但也有人主张把它们从中兽科谱系中剔除，转而划在踝节类与偶蹄类接近的一个类群中。

巴博剑齿虎

古兽档案

中 文 名 称：巴博剑齿虎
拉 丁 文 名：*Barbourofelis*
生 存 年 代：中新世—早上新世
生物学分类：食肉目
主要化石产地：亚欧大陆、北美洲
体 形 特 征：身长3.5米（弗雷基巴博剑齿虎）
食　　　　性：肉食性
释　　　　义：巴博的猫

>>>

007

在几只鼬鬣狗的咬噬下，一匹三趾马嘶叫着倒在夜色之中。鼬鬣狗们刚要享用，突然听见身后响起低沉的咆哮声，一声接着一声，震耳欲聋。鼬鬣狗群中出现了一阵骚动，接着它们看到一只大如雄狮、壮比棕熊的巴博剑齿虎摇着尾巴出现在后方。这是一只成年雄虎，它已将近一周没吃东西了，4天前抓一头小嵌齿象时还被母象的长牙划伤了后腿。虽然眼下正落魄，但威风犹在，其体重和力量都超过这几只鼬鬣狗的总和。它缓步向鼬鬣狗逼近，做

出威胁的动作，接着故作轻松地趴下来张开大嘴，两颗长剑般的犬齿让鬣狗们不由得颤抖着后退了几步。它又起身略微向前靠近，用吼叫回击着鬣狗们的狂吠，接着一步扑到三趾马的尸体上，后腿却站立不稳打了一个趔趄。刚刚退让一旁的鬣狗们看得真切，又大起胆子走上前来。巴博剑齿虎忍住疼痛，将身体缩紧做出反击的姿态，伸出一只前爪在空中挥舞了几下。鬣狗们终于放弃了，掉头小跑着离开。巴博剑齿虎松了口气，开始低头撕扯身下的尸体。

>>>

严格意义上的"剑齿虎"只包括猫科剑齿虎亚科的成员，而其他的剑齿猎手只是与剑齿虎长得较像，在分类上并非同族。在正牌的剑齿虎出现前，还曾有一类外表很像它们的剑齿食肉兽广泛分布在各个大陆，它们就是假剑齿虎科动物，包括后文介绍的恐齿猫、始剑齿虎和祖猎虎等。到了1 500万年前的中新世初期，大部分假剑齿虎类已灭绝，但比它们更加可怕的顶极假剑齿虎——巴博剑齿虎正于此时开始席卷亚欧大陆和北美洲。其中几种只有豹子般大小，而晚期的弗雷基巴博剑齿虎几乎和最大的非洲狮一样大。

◀ 弗雷基巴博剑齿虎几乎和最大的非洲狮一样大

弗雷基巴博剑齿虎不仅是历史上最大的非猫科剑齿动物，也是最早被发现的。1947年，古植物学家巴博在美国内布拉斯加州发现了它们的化石。由于巴博几天后就不幸撒手人寰，学界就用他的名字命名这种恐怖的掠食者。巴博剑齿虎体形硕大粗壮，其肌肉异常发达，尤其是前肢很有力量。它们的眼睛长在头部两侧而不是接近正面，极有可能是为了更方便地使用剑齿、减轻嘴巴张大时对面部的压力。其剑齿呈扁长的弯刀状，边缘锋锐，最长可达22厘米，在所有剑齿动物中几乎是最发达的；下颌虽衍生出巨大的护叶，但也只能遮盖剑齿的一半。

巴博剑齿虎是当时地球上最凶猛的陆地食肉兽之一。不过，它们强壮有力却不善奔跑，在捕猎时可能是用前肢奋力将猎物扑倒并压住，然后使出剑齿完成致命的攻击。然而它们扁长弯曲的剑齿容易被骨骼碰碎或深陷血肉中难以拔出，因此现在一般认为巴博剑齿虎和始剑齿虎、袋剑齿虎、刃齿虎等"马刀牙"动物主要将剑齿用于切割而非穿刺，像匕首一样划开猎物的喉咙。

由于身体过分特化，难以适应变动的环境，再加上猫科剑齿虎的出现，巴博剑齿虎在600万年前的上新世便销声匿迹。它们的消失，意味着猎猫科动物从此彻底退出历史舞台。

巴基斯坦鲸

古兽档案

中 文 名 称：巴基斯坦鲸
拉 丁 文 名：*Pakicetus*
生 存 年 代：始新世
生物学分类：鲸目
主要化石产地：巴基斯坦
体 形 特 征：身长1.0~1.3米
食　　　性：肉食性
释　　　义：巴基斯坦的鲸

》》》

　　海边上，两个黑影逐渐清晰了起来，鱼腥味刺激着它们的鼻腔，让它们亢奋异常。这是一对巴基斯坦鲸，它们喜欢成对生活，主要活动在河流、湖泊和浅海周边地区。它们的听觉并不好，所以更依赖较好的视觉和嗅觉。它们不仅经常在岸上捕食小动物，同时也喜欢下水捕鱼，或干脆沿着海岸捡死鱼吃。这对巴基斯坦鲸跑上浅滩，看到了一条死亡多日、严重腐烂的大型金枪鱼，马上

就狼吞虎咽地吃了起来。它们必须迅速吃下尽量多的食物，因为鱼腥味很快就会招来更多的食腐动物，到时身体弱小的巴基鲸肯定占不到什么便宜……

>>>

2001年，英国《自然》杂志上刊登了一篇关于古鲸的报道，顿时在古生物界引起了轰动。该报道称，人们在巴基斯坦地区发现了一种5 000万年前的古鲸，一个真正的过渡类型——巴基斯坦鲸（简称巴基鲸）。古生物学家指出，该发现对解决鲸类起源问题有重要意义。此前，人们曾对此做过许多推测，最初认为鲸和海豚的祖先是某种古老的偶蹄类，此后又提出过许多缺乏说服力的假说。1960年美国人凡威伦又提出了中兽起源说，其证据是一些早期鲸类的牙齿和踝节类的中兽非常类似，因此鲸很可能是从中兽或一种与中兽非常接近的动物进化而来的。

巴基鲸的发现可以追溯到20世纪70年代。当时一些美国科学家到巴基斯坦寻找鲸类祖先的化石，他们花了很长时间才找到了两件奇怪的骨盆化石。他们开玩笑说，这两块骨盆可能属于一种会行走的鲸。他们当时不知道自己居然言中了，这化石确实为一种能在地上奔走的鲸所有。

几年后，随着所发现的化石不断增多，人们兴奋地将其拼凑在一起，发现其主人竟然是一只能在陆地行走的鲸！古生物学家把它命名为"巴基斯坦鲸"。

巴基鲸的个体并不大，是一种很细瘦的动物。起初人们曾认为巴基鲸是两栖生活的，它们整天待在水中，袭击前来饮水的动物或者捕捉游鱼，但后来发现它们的脊椎和四肢骨骼更适合在陆地上活动。也就是说，巴基鲸虽然像化石显示的那样生活在河湖沼泽附近，但它们应该最多是偶尔下水泡泡，并非整天都待在水中。

巴基鲸的模样与现代鲸类大相径庭，倒更像一只大狗或者长腿的老鼠。它们是典型的肉食性动物，其头骨在形态上像鳄鱼，眼睛位于头顶，鼻孔已经从鼻尖开始向头顶移动，这成为现代鲸呼吸孔的雏形。其四肢仍然较为纤细，显示巴基斯坦鲸是一种善于奔跑的动物。有意思的是，它们的脚踝处有双滑车构造，该构造曾经是偶蹄类动物的专利，却在原始的鲸类动物身上发现了。更令人惊讶的是，巴基鲸虽然是陆地动物，但已经体现出了一些适应水中生活的特征，比如听觉构造。现代鲸的鼓泡相当致密，因此可以通过稠密的海水将声音传入内耳。巴基鲸仍保存了类似陆栖哺乳类在水下毫无作用的耳鼓，但鼓泡已经朝现代鲸的方向进化。这些巴基鲸化石的发现又一次让人们看到了连接中兽与鲸的中间物种，使人类离揭开鲸进入海洋的真相又近了一步。

巴氏大熊猫

古兽档案

中 文 名 称：巴氏大熊猫
拉 丁 文 名：*Ailuropoda melanoleuca baconi*
生 存 年 代：早更新世—中更新世
生物学分类：食肉目
主要化石产地：中国、越南及缅甸北部
体 形 特 征：身长约2.0米，肩高近1.0米
食　　　　性：植食性
释　　　　义：培根的熊猫

>>>

011

　　夕阳的余晖笼罩着竹林，天空的云朵反射出太阳最后的色彩，温暖的米黄色霞光把一切都包围在温馨的气氛中。两只巴氏大熊猫正在亲昵地相互舔着皮毛，那只小点儿的已经一岁半，对于巴氏大熊猫来说，这个年纪的熊猫该离开母亲独立生活了。但是这只幼熊猫一直赖在雌熊猫身边，又多待了半年。雌熊猫知道，如果孩子再不离开的话，就没有办法让其独立生活了。它最后一次帮孩子清洁完皮毛，像往常一样晃着肥大的身体走进了竹林。幼熊

猫欢快地哼唧着，揪住身旁的竹笋玩了起来。它并不知道，母亲这次离开后再也不会回来了，它从今天起将独自生活，闯荡世界……

>>>

中国广西是南方动物群的主要化石产地之一，这里发现过不少巴氏大熊猫的化石。它们个体较大而粗壮，身长约2米，牙齿要比现代大熊猫大1/8左右，咀嚼面的构造略显复杂些。

巴氏大熊猫是大熊猫中最大的一个亚种。它们最早出现在早更新世晚期，到中更新世已广泛分布在我国西南、华南、华北和华中地区，并且到达了越南和缅甸北部。这个时期可以说是熊猫家族的鼎盛时期，大熊猫与牛羚、鬣羚、剑齿象等动物组成了南方更新世著名的"大熊猫——剑齿象动物群"。到中更新世晚期，巴氏大熊猫逐渐进化成现代大熊猫，同时它们的分布范围和数量继续缩减，身体也逐渐变小，最后成为今天濒临灭绝的"活化石"。

巴氏大熊猫的头骨粗短，吻部不长，躯干粗壮，四肢强健。大熊猫虽是外表憨态可掬的植食性动物，但仍保留了食肉祖先的尖利脚爪和凶猛习性。

◀ 大熊猫的祖先始熊猫的体形犹如一只较胖的狐狸

因此比普通大熊猫体形更大的巴氏大熊猫可能也不是好惹的，当遇到食肉动物时会拼死一搏。

与其他食肉动物类群相比，大熊猫的进化过程比较单一，没有太多分支。已发现的化石材料显示，早在800万年前的晚中新世，中国云南禄丰等地的热带潮湿森林的边缘，就生活着大熊猫的祖先——始熊猫，其体形犹如一只较胖的狐狸。由始熊猫进化的一个旁支叫葛氏郊熊猫，分布于欧洲的匈牙利、法国等地的潮湿森林，在晚中新世灭绝。而始熊猫的主支则在我国的中部和南部继续进化，其中一种在大约300万年前的更新世最早期出现，体形只有现生大熊猫的一半大，像一只胖胖的狗。它们是小种大熊猫，牙齿已进化成适合吃竹子的类型。此后大熊猫进一步适应亚热带竹林生活，体形逐渐增大。

既然大熊猫的远祖是凶猛的食肉兽，却为何会选择吃竹子这样的生存方式呢？从生态区位来看，动物很少食用竹子，大熊猫选择吃竹子可以避免和其他动物的正面竞争；从生物进化的角度来看，大熊猫其实是一种已进入衰亡阶段的动物，人类的发展只是加快了它们衰亡的速度。

现在对大熊猫的保护很难说会不会真正拯救这个史前遗老，不过我们仍然不希望这些可爱的黑白熊真的在哪一天彻底消失在竹林中。

板齿犀

古兽档案

中 文 名 称：板齿犀
拉 丁 文 名：*Elasmotherium*
生 存 年 代：更新世
生物学分类：奇蹄目
主要化石产地：东北亚、中亚、欧洲
体 形 特 征：身长4.8~5.0米，身高2.5~3.0米
食　　　性：植食性
释　　　义：薄板状的野兽

>>>

　　温红的太阳挂在河北泥河湾平原上，枝繁叶茂的桦树随风发出沙沙的响声，大地笼罩在一层微金色中。河湾拐角的山坡上来了几只鹿，它们嗅到了空气中有食肉兽的味道，扭头几个纵跃就不见了身影。山坡下确实有两只巨颌虎，它们正趴在草丛里，紧张地观察着前面正吃草的板齿犀，却没把握对这高达3米的巨兽下手。就在这时，板齿犀可能觉得旁边那头披毛犀太聒噪了，于是向它咆哮几声，左右甩了甩头。披毛犀仓皇跑到一边，不安地晃着脑袋慢慢走开。看到这里，两只自觉无机可乘的巨颌虎也掉头消失在草丛深处……

>>>

板齿犀是真犀科中体形最大的成员，几乎不比今天的亚洲象小。乍看板齿犀与披毛犀很像，但细看起来两者的差异也不小：披毛犀的头接近长方形，而板齿犀的则较圆；披毛犀在额头和鼻骨上各有一个角，而板齿犀只在额头上有一个庞大的角；此外，板齿犀的个头比披毛犀要大一倍。

　　通过越来越多的化石，人们了解到板齿犀是真犀类进化历史中高度特化的一支。最初人们在西伯利亚和东欧发现了它们的化石，尤以西伯利亚较为丰富，于是将其定名为西伯利亚板齿犀。1924年，人们根据亚速海附近的化石材料又建立了另外一个种，即高加索板齿犀。此后，中国和欧洲其他地区又出土了多种板齿犀的化石。随着研究的进展，人们逐渐相信其他地区发现的板齿犀完全可以合并到已经发现的两种板齿犀内，不过这两种板齿犀在形

态上非常接近，有人认为这两者很可能是同一种。

板齿犀类原本是一个非常庞大的家族，板齿犀是这个家族中最为进步的一属。典型的板齿犀头骨长度在90厘米左右，身长4.8至5米，身高超过2.5米，在曾出现过的犀类中仅次于巨犀。为了支撑庞大的身躯，它们的骨骼变得像柱子一样粗壮。可是根据化石显示，它们的四肢过于短小，与身躯不成比例，可这并不影响它们在草原上的行动能力和奔跑速度。

板齿犀和现代犀牛最大的差别在于头骨和牙齿的形态。现代犀牛不是双角就是独角，其中独角犀的角长在鼻骨上。而板齿犀虽然也只有一个角，但角却长在额部，位置相当于双角犀头上的第二个小角。通常，人们可以根据犀角生长的骨垢面来推测犀角的样子，可板齿犀的额部不是简单的骨垢面，

而是一块强烈突起的角基。所以，人们普遍认为板齿犀生前很可能长着一个很大的额角，至于角的形状则众说纷纭。不过，我们很可能永远也不会知道板齿犀的角是什么样子，因为犀牛角并不是一块骨头，而是由角质蛋白构成，像头发和指甲一样不能形成化石保存下来。板齿犀的牙齿也很特殊，它们呈长柱状的方形，褶皱特别发达，白垩质也很丰富，在形态上与吃硬草的马类非常相似。

　　借助特殊的牙齿、身躯结构，板齿犀能够非常适应草原生活，并能够在天寒地冻的北方繁衍。到了晚更新世，在广袤的西伯利亚大平原上，我们就再也寻觅不到这些巨兽的身影了。

豹斑西瓦猎豹

古兽档案

中 文 名 称：豹斑西瓦猎豹
拉 丁 文 名：*Sivapanthera pardinensis*
生 存 年 代：上新世
生物学分类：食肉目
主要化石产地：亚欧大陆
体 形 特 征：身长2.0~2.5米，肩高0.9~1.2米
食　　　性：肉食性
释　　　义：具有豹的花纹的西瓦利克的豹

❯❯❯

016

　　秋风扫过华北平原，树叶一片片落下，草原的颜色也由鲜绿开始转为枯黄。一只雌性豹斑西瓦猎豹伫立在小丘顶上，注视着远处南下的兽群：小山般的古菱齿象、双角细长的短角丽牛，还有埃氏马、双叉麋鹿和各种羚羊的庞大队伍，好似一场声势浩大的游行。对食肉动物来说，它们也必须利用这段时间为自己贴贴秋膘，以度过即将到来的寒冬。何况，这头豹斑西瓦猎豹还要考虑身边的两个孩子。这两个小家伙已到了独自闯天下的年龄，但这母子三人的感情很好，而且一起生活既能提高捕猎效率，也不用担心锯齿虎和鬣狗前来骚扰了。然而在食物稀少的冬天，三张嘴总是比一张嘴难填饱的。雌猎豹走下山丘，看见稚气未脱的一双儿女正在草地上打滚戏耍。它走上去，

温柔地舔舔儿女们毛茸茸的脸，自己也感受着同样的爱抚。三个头凑到一块，喵喵地叫了一阵后又分开了，一个个站起身走向草原中若隐若现的兽群。

>>>

比起狮、虎、豹等猫科猛兽，猎豹的生存史更古老，与它们的血缘也不算近。最早的猎豹类生活在非洲，后来有一部分进入亚欧大陆，其演化和迁徙几乎与它们的主要猎物——瞪羚类是同步的。大约300万年前的上新世最晚期，现代的猎豹出现了，它们最古老的化石和早期人类遗迹一起出土于坦桑尼亚的地层中。几乎与此同时，它们的北方兄弟、更加庞大强悍的豹斑西瓦猎豹也出现在地球上。

豹斑西瓦猎豹在晚上新世曾繁荣一时，从中国、印度、中亚到西欧都发现过它们的化石。其大小约是现生猎豹的1.5倍，几乎就是现生猎豹的简单放大版。之所以长得这么大，很可能是因为大体形有助于在较冷环境下保持热量。而且由于脂肪较少，它们很可能身披较厚的长毛。

瞪羚类是猎豹类的主要猎物

那么，豹斑西瓦猎豹是否能像现代猎豹一样疾驰如风呢？有人认为它们可能跑得没有猎豹快，但也有人认为凭借更大的身体和更发达的肌肉，豹斑西瓦猎豹的冲击力更强，足以对付稍大些的猎物，如成年的中型羚羊或幼野马。

虽然豹斑西瓦猎豹比现生猎豹强大得多，但在当时亚欧大陆上的各种锯齿虎、鬣狗乃至熊类面前，它们还是相对的弱者。为了获得高速，猎豹类的犬齿缩小以增大呼吸进气量，爪子也为增强抓地性能而无法完全缩回，被磨得很钝；而且它们每次奔跑都要消耗极大能量，导致捕猎成功后往往筋疲力尽，无力抵抗前来抢夺猎物的其他猛兽。对体形大且生活在较冷环境中的豹斑西瓦猎豹来说，这个问题更加严重，因为它们所需的热量更多，而且很少形成可以互相保护的集群。此外由于猎物较大，它们与其他猛兽间的直接竞争也更为激烈，不像现生猎豹那样可以经常抓抓雉鸡、野兔充饥。

近200多万年来，气候和环境的剧变对所有动物都是严峻考验。在残酷的选择中，豹斑西瓦猎豹和其他很多古老类群一起消失了，而体形较小的中间猎豹和更新猎豹接替了它的位置，但又遭到人类的无情猎杀。到21世纪初，只有东非、南非和伊朗的少数保护区内还能看到野生猎豹的身影。虽然目前人类保护猎豹的努力还面临许多困难，但可以相信，只要有更多的人能够觉醒，这种充满活力的猫科动物还将与人类一起共存很长时间。

豹鬣狗

古兽档案

中 文 名 称：豹鬣狗
拉 丁 文 名：*Chasmaporthetes*
生 存 年 代：中新世—早更新世
生物学分类：食肉目
主要化石产地：亚洲、欧洲
体 形 特 征：身长1.6~2.0米
食　　　性：肉食性

>>>

　　笼罩在东欧大草原上的氤氲雾气已经被太阳驱散了，草原上的动物开始活跃起来。一大群真枝角鹿正在寻找发芽的嫩草，丝毫没有注意到山坡上那群虎视眈眈的豹鬣狗。豹鬣狗们已跟踪这群真枝角鹿多时了。过了一会儿，它们迅速跑下山坡，消失在浓密的草丛中。其中几只压低身子潜行过去，而另外几只则穿插到不远的森林边上。

　　当真枝角鹿有所察觉时，豹鬣狗已经潜行到距离鹿群不到100米的地方，其中几只率先以惊人的速度向鹿群冲去。鹿群马上朝森林中奔逃，却被潜伏在森林边上的豹鬣狗包抄过来，只好折返草原，分头突围而去。尽管豹鬣狗已经全力奔袭，但还是失败了，鹿群很快甩掉它们跑向远方……

>>>

1904年，古生物学家史德群在研究一批来自法国的化石时，发现了一种牙齿很奇特的鬣狗。此后人们在亚欧地区陆续发现了类似的化石，有人提出它们应是一类向猎豹方向特化的鬣狗。直到20世纪80年代，北美古生物学家才将其确定为单独的豹鬣狗类。

豹鬣狗是鬣狗家族在中新世分化出的一个旁支，它们与现存斑鬣狗、缟鬣狗的关系相当远，有着完全不同的进化历史。鬣狗类进化的一个共同趋势就是前臼齿加粗加大，这些粗壮的牙齿像锥子一般，能在强大双颌的作用下咬裂骨头。而豹鬣狗的牙齿虽也相应地粗壮化了，但却较扁且适于切割、撕咬肉类，这在后期的鬣狗当中很少见。此外它们身躯苗条、四肢修长，应该是一类能够快速奔跑、进行积极狩猎的鬣狗。化石证据还显示，它们应该是像现代斑鬣狗一样群居生活的。

虽然豹鬣狗的体形很特化，但它并没有像其他早期特化的鬣狗那样很快消亡，而是在变化多端的环境中延续了500万年之久。真正的豹鬣狗最早出现在晚中新世的欧洲，然后迅速扩散到了亚欧大陆和非洲，并在上新世通过白令海峡入侵北美洲，成为当时分布最广泛、最繁盛的一类鬣狗。

19世纪50年代左右，古生物学家认为豹鬣狗很可能起源于中新世的一类小型鬣狗——狼鬣狗，二者在鬣狗家族中同处于一个单独支系，共同特点是躯干和四肢明显加长，牙齿更适于切割肉而不是压碎骨头。但是近年来有人把狼鬣狗放到了鼬鬣狗类里，如果以后的事实证明这样的划分更合理，那么关于豹鬣狗的起源问题就将再次摆到古生物学家的面前。

以往发现的豹鬣狗化石都很破碎，直到近几年才有较完整的化石出土，其中比较出名的是亚洲的进步豹鬣狗和欧洲的月谷豹鬣狗。它们都曾生活在早更新世较寒冷的草原上，其中后者是旧大陆豹鬣狗中最大的一种。

大约200万年前，随着早更新世的结束，豹鬣狗的进化之旅也趋向衰败，相继在它们曾驰骋过的各大陆灭绝。

现代斑鬣狗虽然会依靠集体性的捕猎，但在面对危险时往往会一哄而散，很少群起抵抗，不同于团结协作、常常生死与共的犬科动物。豹鬣狗的群体可能与斑鬣狗类似，缺乏狼群那样的高度凝聚力，这让它们在与犬科动物的竞争中劣势尽显。进入北美洲的豹鬣狗没能繁盛并且很快灭绝，可能正是因为当时北美洲是犬科动物的大本营，它们找不到自己的生态区位。

千百万年来，鬣狗家族的成员不停涌现又不断消亡，而豹鬣狗选择了一条与其他鬣狗大相径庭的进化道路。它们看见了巨鬣狗的没落，目睹了剑齿虎的衰败，最后终于轮到它们自己。豹鬣狗类在大自然中奔跑了500万年后，最终还是消失在了亚欧大陆广袤的原野上。

步行游鲸

古兽档案

中文名称：步行游鲸
拉丁文名：*Ambulocetus*
生存年代：始新世
生物学分类：鲸目
主要化石产地：巴基斯坦
体形特征：身长2.7~3.0米，体重约300千克
食　　性：肉食性
释　　义：能行走也会游泳的鲸

>>>

020

　　夜幕降临，驱散了古巴基斯坦沿海的热气。月光洒在海岸的森林中，透过树冠在地面留下一片斑驳的影子，为夜间出来的动物带来了最好的保护。除了偶尔的虫鸣，只有微风掠过森林时树叶的沙沙声。一个瘦长的身影悄然离开森林中浓密的灌木，这是一匹来湖边喝水的原厚脊齿马，这个小家伙没注意到湖面上的步行游鲸正注视着它。步行游鲸悄悄潜入水下，一直潜行到离喝水的小马不到1米的地方才停下。没有任何征兆，它突然蹿出水面一口咬

住原厚脊齿马的头，把它拖入水中。小马在一阵轻微的挣扎和呻吟后，就不再有声响……

第二天清晨，水中散发出腐臭的味道，引来一群群的飞虫。两只小兽也被尸体的味道引到了湖边。但眼前的情况让它们有些害怕，一阵徘徊后还是离开寻找其他食物去了。原来湖边浅滩上正趴着一只雄性步行游鲸，旁边还有原厚脊齿马的残躯……

>>>

1992年，美国俄亥俄大学的泰维森教授在巴基斯坦北部发现了一具几乎完整的动物骨架，这就是步行游鲸，一种过着两栖生活的古鲸。这种古鲸生活在约4900万年前，一般身长2.7至3米，体重约300千克，不比现在的海狮大多少。

步行游鲸生活在古地中海的海边、潟湖及内陆河湖中，虽然它们还是明显的陆地兽型动物，但已经很适应水栖生活，在水里行动自如。它们经常潜伏在浅水中伏击岸边的动物，依靠强壮的上下颌抓住牺牲品。虽然它们的化石数量不多，但代表了鲸类进化中的关键阶段，所以科学家非常重视。

021

步行游鲸身上体现出了一些过渡类型的特征，其鼻孔仍位于头颅前端，但眼睛和耳朵的位置都较高，这是对水栖生活的适应。它们躯干粗短，胸部宽厚，已经呈现流线型，4条腿也被挤到了身体两侧，看起来有点儿像一条披着毛皮的鳄鱼。其后肢特别强壮，脚掌很大，可能长有发达的脚蹼。这些结构暗示它们仍有陆上行走的能力，但却只能蹒跚而行，无法灵活奔跑。与后期鲸类相比，步行游鲸没有用于游水的发达尾叶，尾巴也不长，但脊椎已经可以灵活弯曲。在水中它们依靠身体上下摆动、后肢击水来前进，更像现代水獭的游泳方式。

步行游鲸虽然没有现代鲸的优美外表和庞大身躯，但它们凭借自己在鲸类进化中的重要地位，受到了全世界古生物学家的关注。作为一种过渡类型，它们在带给人类许多答案的同时，也产生了更多问题。它们与现代鲸或巴基鲸等其他早期古鲸的形态差异还很大，这中间到底还存在着什么样的物种？这些物种的形态会不会更加出乎人们的想象？鲸类的进化史是不是更复杂？更多答案或许仍埋藏在巴基斯坦北部的丘陵中……

▶外表优美、身躯庞大的鲸

铲齿象

古兽档案

中文名称：铲齿象
拉丁文名：*Platybelodon*
生存年代：早中新世—上新世
生物学分类：长鼻目
主要化石产地：亚欧大陆、非洲
体形特征：身长5.0~6.0米，身高2.5~3.0米
食　　性：植食性
释　　义：板状的牙齿（象）

>>>

中中新世的中国甘肃，一场大旱已经持续了3个月。除了少数几棵大树还在顶端有几片黄绿的叶子，满世界只有沙黄色，河流也断流很久了。方圆几百公里内，只有这里的一个湖泊还残留着一汪混浊的泥水。一头母铲齿象在努力用鼻子将水汲到口中，它的身边躺着一头死去多时的幼铲齿象。母象走过来把水送到幼象嘴边，但它还是一动不动。母象边用鼻子抚摸着它边低

声呼唤，不远处另一头瘦骨嶙峋的铲齿象则试着用长鼻去够那几片枝头上的树叶，但很快就放弃了。它抬头看了一眼高悬的太阳，连哀鸣都无力发出就重重倒在地上。周围到处都是动物的尸体，有的已经死去多时。远处几个高大的身影在燥热的空气中慢慢靠近，这是此地最后的几头铲齿象，它们被残存的水汽吸引而来，却不知道这里已是死神的祭坛……

》》》

在北京自然博物馆的古哺乳类展厅中，有一具模样怪异的幼象化石常能吸引人们的眼光。这是一头幼年的铲齿象骨架，它属于亚欧大陆一类形态非常特殊的嵌齿象类。铲齿象长期以来作为中中新世时期亚欧大陆最具有代表性的标准化石，其中以亚洲的化石最为丰富。它们的主要特征是拥有延长的下颌和宽大的下门齿，形状非常像一把铲子，所以中文得名"铲齿象"。

铲齿象最早出现在非洲和亚洲大陆早中新世的地层中，在中中新世达到鼎盛，而后又延续了几百万年才灭绝。但可惜的是，多数产地的铲齿象化石都很破碎，非洲的铲齿象更是只发现了一件化石。而我国的中西部应该是世界上铲齿象化石最为丰富的地区，发现了许多种类的铲齿象化石，如宁夏的同心铲齿象和甘肃的谷氏铲齿象。

铲齿象在嵌齿象家族也算是最为奇特的一支。它们的上门齿并不发达，下颌联合部和门齿向前伸展变宽，形态很像一把铲子。在曾出现过的所有象类中，只有铲齿象和恐象是下门齿比上门齿发达的。它们的臼齿上面有许多凸起和丰富的褶皱。

过去普遍认为铲齿象生活在河流、湖泊等湿地环境中，用宽阔的长鼻配合铲状下颌捞取水中的植物。但根据铲齿象牙齿的磨损状态，现在又有观点认为它们很可能以啃咬灌木和树木为生，是成小群在森林和森林草原的过渡地带生活的。然而铲齿象的下颌联合部比较细弱，如果用来切割树皮很容易受伤，无法用来切割树木。所以，比较折中的推测是铲齿象主要以灌木、树叶和水生植物等为食，它们利用铲状的下颌和长鼻相互配合来拉扯进食。

早期铲齿象的鼻子是根据始乳齿象的形象来复原的，但是铲齿象无疑要比始乳齿象进步得多，鼻孔的位置更接近现代象，因此它们很可能拥有与亚洲象形态接近的长鼻。不过铲齿象的面部较宽，门齿并不是向外分开生长，而是很大程度平行生长。所以更可能的是铲齿象的长鼻根部较宽，而整体略微扁平。

不过，人们恐怕永远也无法推测出铲齿象生前的具体形态和生活习性，毕竟这些怪异巨兽已消失了几百万年。形态特殊的它们想必很难适应新的环境，在急急上台、接近演化顶峰后，又匆匆地谢幕了。

锤鼻雷兽

古兽档案

中 文 名 称：锤鼻雷兽
拉 丁 文 名：*Embolotherium*
生 存 年 代：晚始新世
生物学分类：奇蹄目
主要化石产地：亚洲
体 形 特 征：身长5.0~6.0米，身高2.5米
食 性：植食性
释 义：具有攻城锤的野兽

›››

　　在始新世的内蒙古，有一片绵延不绝的沼泽森林地带，水汽终日不停地向天上飘去，又随着频繁的降雨回到地面。广袤的湿地边上生长着大片灌木，几棵早已枯死的老树倒在水边。几头小跑犀匆忙跑出灌木丛，顺着倒下的树干向对面的森林里跑去，它们完全没注意到不远处正站着一对锤鼻雷兽。这种雷兽个体硕大，是这片湿地中最庞大的动物。雄雷兽不时把头伸入水中，用嘴撕扯着丰富的水草，露在水面上的鼻孔一颤一颤地喘息着。雌雷兽则不断揪扯着刚发芽的树叶，不一会儿就把几棵树底层的树叶吃得精光……

›››

　　雷兽是一类非常繁盛的古老的奇蹄类动物，其化石主要分布在始新世的亚洲和北美洲，在欧洲只有很少发现。它们虽然外表有些像今天的犀牛，却和马类同属于马型亚目，在早期种类中二者是非常相似的，以至于当人们最早发现雷兽时，就错认为是一类个体较大的原始马类了。

　　当时哺乳动物的进化速度很快，雷兽就是较明显的一类，在始新世时期就已从小个子祖先进化为庞然大物。亚洲和北美洲的许多晚期雷兽类都能超过2米高，有的甚至超过2.5米，算上背脊的高度甚至可达3米以上；身长则普遍在三四米，大者接近6米。其中个头最大的就是锤鼻雷兽，它们最早是被美国纽约自然历史博物馆中亚考察团于1928年在我国内蒙古发现的。这是一类高度特化的晚期雷兽，主要分布在晚始新世的亚洲地区。

有人认为同处亚洲的鼻雷兽是锤鼻雷兽的直接祖先类型，它们体形中等，头骨较长而面部较短，鼻角微微向两侧伸出，这些都与锤鼻雷兽很接近。

锤鼻雷兽的体形特别大，和亚洲象差不多。它们的鼻骨和额头高高向上翘起，整个脑袋占了身长的1／4以上（但脑量却只有橘子那么大，显示其智商可能还不如现代犀牛）。其鼻骨硕大加长，且明显向前上方抬起，看起来很像一只角。其实以前的古生物学家都认为这是它们的角，当时还惊讶于它拥有这么大的"角"而称其为"王雷兽"或者"大角雷兽"。但实际上锤鼻雷兽真正的角已经退化，而这种鼻骨虽然外形像角，却结构脆弱而且富含神经和血管，在猛烈撞击时容易碎裂并造成很大痛苦，因此不能作为有力的防御武器。

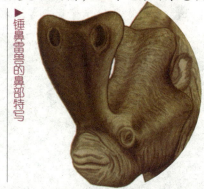

▶ 锤鼻雷兽的鼻部特写

锤鼻雷兽的外鼻孔也不同于一般雷兽，因为一般雷兽的鼻孔都位于角的根部，而它们的外鼻孔是在鼻骨前方。如果鼻孔位置像其他雷兽一样，那么空气进入锤鼻雷兽鼻腔的过程就很复杂了，除非是很特殊的生态环境才需要这样特殊的构造，但是到目前，很难想象什么样的生存环境需要这样的呼吸过程。

中国学者认为锤鼻雷兽是一类生活在沼泽地区的动物，它的外鼻孔很可能位于鼻骨前方扩大的鼻腔内。这样空气就可以从外鼻孔直接进入鼻腔，当它在沼泽地里寻食或者饮水时，它的外鼻孔就可以保持在水面之上，保持呼吸畅通，就好像我们埋头水下依靠浅潜水那样的通气管呼吸一样。锤鼻雷兽的另外一个特点就是脸部很短，眼睛和大脑的位置非常靠前，同时头骨后部极度延长，来提供更多的地方附着肌肉。它们的臼齿虽大，但是很原始，这也是雷兽进化中一直保留的特征。因此锤鼻雷兽不能吃坚硬的草类植物，只能吃那些柔软的水生植物或多汁的灌木、树叶等。

从身体结构来看，锤鼻雷兽其实远不像它们的名字和外表那么威风八面。它们的骨骼非常笨重，股骨也是大腿长、小腿短的结构，适合支撑数吨重的身体，但只能缓慢而沉稳地步行，最多可以快走，不可能做出像犀牛一样相互追逐乃至驱赶猛兽的动作。

此外，锤鼻雷兽并不是用蹄子行走，而是用脚趾。它们前后肢上的脚趾都很发达，脚掌着地面积大，能承受很大的压力，却不能长时间运动。更有甚者，它们的骨骼缺少大型动物直立时所需要的机械结构，站立时完全依靠肌肉而不是骨骼结构支撑。这就给肌肉造成很大负担，使其长时间处在紧张状态，因此需要经常趴卧或者躺下休息。

在平时生活中，锤鼻雷兽可能遭到当时各种大型食肉兽的袭击，甚至壮年个体也无法彻底保障自己的安全。看似庞大威猛的锤鼻雷兽其实是泥足巨人，它们既不能快速逃离危险区，也不能动用远没有攻城锤结实的鼻部给敌人反击，最多只是象征性地恐吓，或者用锋利的犬齿找机会撕咬对手。不过"身大力不亏"，它们的体形、厚皮和力量足以保证多数掠食动物在其他猎物充足时尽量不去招惹它们了。

根据伴生的其他化石和古地理环境，人们认为北美洲的雷兽生活在沼泽边缘、河流附近或者有着丰富灌木的平原上，而亚洲的雷兽主要生活在沼泽

湿地和灌木繁茂的地区。

随着从始新世向渐新世过渡的激烈动荡，气温大幅度下降，曾经几乎覆盖了全部陆地的森林、灌木、湿地、湖泊大量减少，取而代之的是广阔的草原和旱地，适合锤鼻雷兽的食物趋于消失，而它们的牙齿又不能适应新的硬草类，因而很快就难以继续生存。锤鼻雷兽是雷兽这个古老家族的最后代表，它们在进化史上迅速发展到了顶峰，又匆匆地灭绝了，成为奇蹄类中最早出现也最早灭亡的类群。

大唇犀

古兽档案

中 文 名 称：大唇犀
拉 丁 文 名：*Chilotherium*
生 存 年 代：中新世
生物学分类：奇蹄类
主要化石产地：亚洲、欧洲南部
体 形 特 征：身长4.0米
食　　　性：植食性
释　　　义：具有发达唇部的野兽

>>>

　　晚中新世的中国甘肃，严重的干旱把这里的生态环境几乎完全摧毁了。河流湖泊早已干涸，在一处还略微带些潮气的泥塘边上，几条晒得焦黄的鱼干正随风微微抖动。天空上卷起了层层乌云，一群维氏大唇犀正在泥塘边上的灌木丛中撕扯着最后的几片叶子，吸饱了奶水的小犀牛正在相互追逐。对它们来说，遭遇干旱似乎是越来越平常的事情了。这些犀牛虽然没有锋利的

头角，但也不是柔弱的角色。

灌木丛中的两只后猫早就被大唇犀发现了，不过在它们眼中，这两只大如美洲虎的猛兽不过是些小猫咪。只有几头年轻雌犀牛不敢掉以轻心，轻轻把孩子唤回了身边。雨点终于落下了，终于得到解脱的犀牛群却并没有太多反应，它们静静站在雨水中，只有小犀牛兴奋地蹿来蹿去……

▶大唇犀骨骼装架图

》》》

甘肃的临夏盆地有一个大型晚中新世三趾马动物群。虽然叫三趾马动物群，但是这里植食性动物中占多数的其实是一类犀牛。这类犀牛的发现要追溯到20世纪20年代。当时瑞典的古生物学家在陕西、山西发现了数量非常庞大的三趾马动物群化石，这些化石后来辗转被运送到位于瑞典的乌普萨拉大学。其中的犀牛化石交给了林斯顿博士研究，林斯顿发现这些犀牛头上无角，却有宽大的下颌与2枚带锋利齿刃的巨型下獠牙，于是将其命名为"大唇犀"。

大唇犀是一类形态非常奇特的犀牛，属于无角犀亚科。其头部较短且接近菱形，约有0.5米长，鼻骨细弱，鼻子上没有角。它们的巨大下门齿呈獠牙状，向上外方向生长、翻转，高冠的颊齿覆盖着丰富的白垩质。

大唇犀的身躯壮如水桶，四肢短粗，前后脚均为三趾。主要在陆地活动。

大唇犀主要生存在中新世，少数种类残存到了早上新世。繁盛时期，它们在我国的食草动物中至少占了60%的数量。当时在开阔的草原上漫游的竟是一群群的犀牛，这种景象现代人很难想象，毕竟自人类文明出现以来，犀牛就已经是孤独而稀少的动物了。

大唇犀同时也生活在亚洲其他地区，在南欧也有广泛分布，主要集中在希腊的萨摩斯地区。它们往往与三趾马、鼬鬣狗、嵌齿象、印度熊等一起生活，组成了晚中新世著名的三趾马动物群。

我国中西部的晚中新世红黏土中埋藏着丰富的三趾马动物群化石，在世界上规模是最大的，其中自然包括数量众多的大唇犀。依靠这些化石，人们现在对大唇犀的形态、种类还有习性都有了较多的了解。

大唇犀主要包括维氏大唇犀、安氏大唇犀、哈氏大唇犀等几种。其中安氏大唇犀是同族中较大的种类，身长可达4米，头骨也较长且后部较高，獠牙状的下门齿更加发达，与另外两种的区别相当明显。

谁也不知大唇犀究竟是怎么消失的，而其灭绝则代表了无角犀类的最终衰亡，从此世界上再也没有头上无角的犀牛了。

大地懒

古兽档案

中文名称: 大地懒
拉丁文名: *Megatherium*
生存年代: 上新世—晚更新世
生物学分类: 贫齿目
主要化石产地: 南美洲
体形特征: 身长5.0~6.0米
食　　性: 杂食
释　　义: 巨大的野兽

》》》

　　100万年前的一个清晨,在草原边缘的树林中,一头亚洲象般大小的大地懒低吼几声,从安然躺卧了一夜的地方醒来。它的4只脚像畸形似的弯曲着,只有脚侧着地,因此走得很慢,每走一步就发出强烈的摩擦声。这头大地懒用鼻子嗅了半天,终于发现了中意的"餐桌"——一棵野石榴树。随着一声巨响,它4吨多重的身躯像攻城塔般直立起来,足有两人多高,后腿和尾巴则形成一个坚实的三脚架。它用前腿上的3个巨爪扯下身边的枝条,伸出长长的细舌把上面的叶子连同果实一起卷进嘴里,不紧不慢地开始咀嚼。

》》》

　　在今天的南北美洲,生活着一类体大如猫的树栖哺乳动物——树懒。它们整天吊挂在树枝上,行动缓慢又很少活动,素有"最懒惰兽类"之称。很难想象,仅仅在1万年前,比它们大500倍、体重可达4至5吨的表亲——大地懒,还漫游在南美洲的广袤荒野中。

　　大地懒和树懒同属于贫齿目的披毛亚目,其下除树懒科外的大地懒科和磨齿兽科都已没有在世的成员了。这些已灭绝的"懒族"动物大都生活在地面上,因此也有了一个与"树懒"相对的统称"地懒"。地懒类种属繁多、大小不一,但相貌和习性都有几分相似。大地懒是它们当中体型最大、知名度最高的,也是冰河时代全美洲仅次于猛犸象、乳齿象的第三号陆地巨兽。

　　大地懒的化石最早于1788年在阿根廷被发现,后来一部分化石几经辗转,传到了当时已崭露头角的乔治·居维叶手上。居维叶根据其牙齿将之命名为美洲大地懒，这也是他复原的第一具史前巨兽标本。

与庞大的身躯相比，大地懒的头部较小，口鼻部向前延伸得很长，有利于取食植物。它们在下颌前部没有牙齿，上颌两侧各有5枚颊齿，下颌两侧则各有4枚，均终生生长。另外也可以确信它们有一条很长的舌头，能够伸出嘴外卷取枝叶。从保存下来的干尸组织中，人们得知大地懒浑身覆盖着粗糙的长毛，皮肤下还有许多小骨片一样的硬疣。这些硬疣由内层皮肤角质化形成，虽不如犰狳、穿山甲的鳞甲坚固，但在其成年后仍是牢不可破的防护层。再加上庞大的身躯和强劲的体力，它们迟钝笨重的缺点得到了弥补。

令人不可思议的是，如此沉重的巨兽居然能用后肢直立行走。为适应这种行动方式，它们的躯干骨骼非常发达，后肢明显比前肢粗壮，但即便如此，它们直立时受到的压力还是很大的。更有甚者，大地懒前肢的3个内侧趾上生有40厘米长的巨爪，后脚的爪子也很大，这使它们无论四足还是双足着地时都无法把脚平放在地面上，只能像大食蚁兽一样用脚侧行走，而它们的体重是大食蚁兽的100倍。目前已发现了大地懒的足迹化石，脚印呈逗号的形状，说明它们走路时的确只用脚侧着地。

通常认为，大地懒是素食者，食物以树的枝叶为主，因此比磨齿兽更依赖稳定环境。

031

但近来一些科学家对其骨骼和脚爪的研究表明，它们可能也会偶尔客串捕食者，捕猎方法是用巨爪给猎物造成创伤，然后用强有力的前臂进行致命挤压；而更多的情况可能是吃腐肉或从其他猛兽口中夺食。在BBC的科普影片《与古兽同行》中，有个情节就是一头想尝鲜的大地懒满不在乎地夺过一群混乱刃齿虎刚捕到的猎物，甚至还一掌拍死了一只试图阻拦的成年雄虎。可见"懒"兽也不是好欺负的。

大角鹿

古兽档案

中 文 名 称：大角鹿
拉 丁 文 名：*Megaloceros*
生 存 年 代：更新世（在偏远岛屿延续到公元前2500年）
生物学分类：偶蹄类
主要化石产地：亚洲、欧洲
体 形 特 征：身长2.5米，身高2.0米
食　　　性：植食性
释　　　义：巨大的鹿角

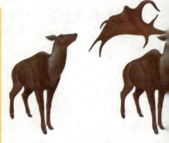

▲此图为一雌一雄的一对大角鹿

»»»

中更新世的中国北方地区气候温暖，植物非常繁茂，一群大角鹿四散在森林边的空地上休息。为首的雄鹿在来回巡视着自己的族群，眼下已进入繁殖季节，它必须时刻警惕别的雄鹿前来挑衅。

灌木丛后，一群变异狼正在贪婪地盯着鹿群里的小鹿，它们可不敢对身高体大的成年大角鹿下手。没有任何前兆，7匹变异狼突然出现在鹿群面前，猝不及防的鹿群惊恐万分，一只倒霉的小鹿很快就被变异狼扑翻在地，其他大角鹿趁这个时候赶紧跑远，任变异狼去享用它的大餐……

»»»

大角鹿类分布于亚欧大陆和非洲的更新世地层中，尤以中更新世最为繁盛。这类动物的起源目前还没有定论，从所发现的化石来看，它们的角在进化当中迅速增大，同时身体也相应地大型化。这是因为角越大它们就越容易得到雌性青睐，繁殖的后代就越多，这是一种生殖上的自然选择。

亚洲的大角鹿类与欧洲的大角鹿类其实是不同的。人们把中更新世期间分布在日本与中国等地区的大角鹿称为中华大角鹿。中华大角鹿类的一个特点就是眉枝掌状主枝非常发达。中华大角鹿类的多数成员都没有进入晚更新世。晚更新世期间，中国分布的主要是河套大角

鹿。这种大角鹿个体高大，身躯粗壮，最特殊的是鹿角的眉枝和主枝都扩展成扁平的扇状，看起来如同头上顶了4个蘑菇。

大角鹿骨骼装架图

不过更著名的大角鹿则是生活在100万年前到公元前2500年间的巨大角鹿。它们主要分布在欧洲地区和亚洲北部，尤其在爱尔兰发现了世界上最多和最完整的巨大角鹿化石，因此又俗称"爱尔兰麋"。

巨大角鹿的面部较长，身材魁伟，一般雄鹿身长在2.5米左右，身高2米以上，体型和现代最大的驼鹿接近，不过因为身材较苗条，体重要轻得多。它们的角是扁平的，向四周放射状伸出几个弯曲尖利的分枝，两角远端距离最远能达到4米。这对巨大的鹿角重达45千克，所以它们的头颈和肩部拥有非常发达的肌肉，用来支撑沉重的鹿角。巨大角鹿并不是草原动物，它们虽然牙齿适合吃草，但仍是典型的生活在开阔林地里的动物。

033

像其他动物一样，巨大角鹿早期的个体并不大。最早的巨大角鹿亚种体形较小，头角向后方倾斜，而到后期它们无论体形还是鹿角都呈现持续增大的势头，并在晚更新世期间达到最大。

过去人们认为巨大角鹿的角太过笨重，影响它们的行动能力，每年更换的鹿角也是巨大的身体负担。但最近有人提出，巨大角鹿的消亡并不是因为角太大，而是因为幼崽太大。这种理论认为雌性大角鹿的繁殖和饲育幼鹿同样需要消耗许多能量，而且巨大角鹿众多的化石数量说明它们非常繁盛，不会因为巨角需要太多能量而感到食物匮乏。

巨大角鹿的骨骼构造也显示，它们绝对有能力轻松地顶着它们的大角。如果鹿角确实已经大到威胁它们的生存了，那么随着自然选择，它们的身体与角就会按比例缩小来保证物种延续。现代许多动物确实都比更新世时期的要小，如棕熊、马鹿和美洲野牛等，人们认为它们都是成功地从大型向小型转变的例子。在爱尔兰首都附近的泥炭沼泽里发现的化石显示，最后的巨大角鹿确实已向小体型转化，只可惜没有取得成功。

大鬣兽

古兽档案

中 文 名 称：大鬣兽
拉 丁 文 名：*Megistotherium*
生 存 年 代：中新世
生物学分类：肉齿目
主要化石产地：北非（埃及、利比亚）
体 形 特 征：身长4.0米
食　　　性：肉食性
释　　　义：大的兽

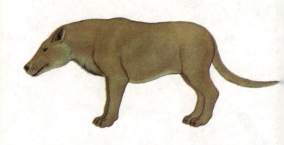

》》》

　　1700万年前的一个午后，非洲上空的太阳炙烤着大地，草原上觅食的动物很少，显得很沉闷。仅有的嘈杂声来自一片灌木丛后，天空中的鹫类正散布着死亡盛餐的信息。透过稀疏灌木的空隙，草丛中一头硕大的原恐象残骸隐约可见，其颈部和腹部露出血肉模糊的伤口。昨夜伏击得手的巨颌虎群早已饱餐一顿，正悠闲地躺在离战利品几米远的一棵树下乘凉。十多只中鬣狗围在一旁，却没有一只敢靠拢。正当这群巨颌虎悠然自得之际，围观的鬣狗群突然开始骚动起来，并很快四散跑开。一个不常露面的大家伙正飞奔而来，沉重的脚步掀起了阵阵尘土。它张开布满利齿的大嘴，把1米长的巨头伸进原恐象的体腔大嚼起来，丝毫不顾身后"主人"们的愤怒。平日少有对手的巨颌虎们发出

了恐吓的吼叫，但终究没有去正面阻挡，而是起身缓缓离去。在一旁等了半天的中鬣狗们此时反倒大胆上前，一场真正的盛宴似乎才刚刚开始……

》》》

上面说到的这种巨型食肉动物是已故著名古生物学家罗伯特·萨维奇教授于1973年在埃及和利比亚边境附近发现的。它仅头骨就有1米长，据测算其身长4米，体重在800千克左右，故而被命名为大鬣兽。

大鬣兽和巨鬣齿兽相同，也是肉齿目鬣齿兽科的成员，但它属于其中的翼齿兽亚科，与各种鬣齿兽属成员其实没有太近的亲缘关系。

根据已知材料，大鬣兽主要活跃于早、中中新世的非洲大陆北部，距今2 400万到1 500万年，但似乎数量一直比较稀少。关于大鬣兽的习性，更是始终存在争议，大多数人认为大鬣兽是以腐食或杂食为主的动物，但也有少数学者坚持它们是积极的猎食者。

从大鬣兽的巨大身躯来看，它们显然不是行动敏捷、善于追击的猎手，但其巨大双颌及牙齿的咬力惊人，前肢的力量也相当可观。那么大鬣兽能不能成为积极的捕食者呢？持肯定意见的学者认为，当时的非洲大陆存在许多大、中型食草动物，而这些食草类刚刚适应草原生活，奔跑尚不如今天的鹿、羚羊等快速敏捷，这就给了大鬣兽生存的空间。而反对者认为，正是中新世非洲北部异常繁茂的动物资源，导致食肉动物种类、数量激增，而它们之间对猎物和领地的激烈争夺正催生出大鬣兽大得离谱的身材，它们生活的主流就是抢夺别类猛兽的猎物或腐尸。

其实，作为古老肉齿类的最后辉煌，大鬣兽生存在一个大型食草动物、大型食肉动物相继出现的年代。在当时的北非原野上，茂密的热带森林还有相当大的面积，继续其祖先固有的伏击战术应该是早期大鬣兽类的基本习性。而在它们生活的后期，巴博剑齿虎、剑齿虎、犬熊类和鬣狗类在非洲大地上争雄一时，而各类植食性动物也因此向两个方向演化：要么行动更趋迅速，要么体型更趋庞大。

大鬣兽可能与巴博剑齿虎一样，只能选择进攻象类、犀类等体形巨大、行动相对迟缓的植食性巨兽，但这是很有风险的；现实可能使得大鬣兽同时不得不经常抢夺和食腐，这需要大的体形和力量，因而刺激了它们进一步大型化的趋势，但这样的特化之路只能是一条死胡同。

到了晚中新世，本已数量稀少的大鬣兽更是难觅踪迹，或许由于猎物们的行动更为迅捷，或许是其竞争对手的力量越来越强，体型庞大的大鬣兽终于走完了它的演化之路。虽然少数残存的其他鬣齿兽类还会在部分地区继续繁衍几百万年，但属于它们的辉煌无疑已经过去。

袋剑齿虎

古兽档案
中 文 名 称：袋剑齿虎
拉 丁 文 名：*Thylacosmilus*
生 存 年 代：上新世—早更新世
生物学分类：有袋目
主要化石产地：南美洲
体 形 特 征：身长1.5~2.0米
食　　　性：肉食性
释　　　义：有育儿袋的刀刃（虎）

》》》

　　黄昏将至，但照在草原上的阳光仍然强烈。近2米高的蒿草地深处，一只雌袋剑齿虎从沉睡中醒来，舔了舔剑齿上残留的血迹，用前爪拍醒身边的孩子。这只小袋剑齿虎已接近成年，马上就可以独自生活了。不幸的是，在昨天与母亲共同进行的一次捕猎中，它被后弓兽踢断了下巴，折断了左边的护叶。雌袋剑齿虎对此倒不担心，因为这种骨折通常很快就会愈合。但它这时却莫名其妙地焦虑起来，在草丛中来回踱步，不时用头顶顶仍在迷糊中的小袋剑齿虎，喉咙里发出烦躁的咕噜声。它抬起一只前爪，在自己的肚皮上轻

轻抚摩几下，一个小东西的脑袋从开口朝后的育儿袋里露了出来。这是它的又一个孩子，刚刚长出绒毛和剑齿。不过最多再过一个月，它就要爬出育儿袋，到外面的世界生活了。也正是因为它的存在，雌袋剑齿虎的母爱已经转移，眼下只是一心一意爱抚着这个婴儿，对不远处的受伤小袋剑齿虎毫不在意。终于，它打定了主意，小心地把幼袋剑齿虎的脑袋推回育儿袋里，无声无息地离开了……

>>>

新生代开始后不久，南美洲在漂移作用下与其他大陆隔绝，这块土地上的各种动物也走上了独特的进化道路。这里的王者并不是哺乳动物，而是巨大、地栖的西贝鳄类和曲带鸟类。随着中新世末期全球气候剧变，南美洲的大片森林被干燥开阔的草原取代，不能适应新环境的西贝鳄类趋于消失，曲带鸟一族也有所衰弱；而哺乳类则不失时机地推出了自己的顶级杀手。

早中新世，从原始的树栖有袋类演化出了一群地栖的、善于奔跑的食肉动物，被称为南美袋犬。它们有庞大粗重的头和善于压碎食物的牙齿，有点儿像鬣狗的样子。这个类群很快分化出了许多不同成员，其中有一支在早上新世长出了剑齿，成为奇特而可怕的捕食者——袋剑齿虎。它们和当时北美洲的剑齿猫科动物虽然扯不上任何关系，但却进化成了相似的样子，成为平行进化的一个典型范例。之所以如此，是由于它们的生存环境和生活方式比较接近，大自然对其选择的标准也就大同小异了。

目前只发现了两种袋剑齿虎，其中较大的黑袋剑齿虎身长1.5至2米，体重顶多只有110千克，相当于豹子甚至美洲虎的大小。四肢粗短，尤其是前肢非常发达。作为有袋类成员，它们与袋鼠一样长有4对臼齿，而大多数哺乳动物，也就是"真兽类"一般有3对。此外，雌袋剑齿虎很可能像袋狼一样长着向后开的育儿袋。

袋剑齿虎虽然不是南美袋犬类中最大的，但最为强悍。发达的剑齿和强劲的身体使它们能够捕食当地的绝大多数食草动物，可能主要采取隐蔽突袭的方式，弥补奔跑能力差的不足。

在200多万年前的上新世末期，北美洲的各种哺乳类开始向南方挺进。北美动物在进化程度和竞争力上远强于长期处于稳定环境中的南美动物。于是，很快地，袋剑齿虎在刃齿虎、恐狼等强大的入侵者面前败下阵来，和众多的南美动物一起被扔进了生物史的劣汰类。

袋狮

古兽档案

中 文 名 称：袋狮
拉 丁 文 名：*Thylacoleo*
生 存 年 代：更新世
生物学分类：有袋目
主要化石产地：澳大利亚
体 形 特 征：身长1.8米
食　　　性：肉食性
释　　　义：具有育儿袋的狮子

>>>

　　晚更新世的澳大利亚与今天的景象大不相同，东北部的昆士兰州密布着大片森林，其中的动植物资源异常丰富。清晨的林边一棵大树下，一头豹子般大的屠戮袋狮正急急拖曳着它的美餐：一头幼小的双门齿兽——袋狮巨大

的食草亲戚。虽说只是幼崽，但其体重却超过袋狮的3倍，以至于它无法将其拖到树上悠闲享用，它尝试从各个方向移动猎物。

猎物死亡的气息正向四处弥漫，用不了多久，嗅觉灵敏的肉食动物一定会从各个方向寻来。袋狮可不愿意和这些肉食动物纠缠。几次尝试后，它放弃了移动猎物的行动，迅速撕开了猎物的肚皮，拼命吞咽起温热的内脏……

▲袋狮模型

>>>

澳大利亚大陆自古就是有袋类的乐园，作为其中的顶级掠食者的袋狮自然也不例外，它们属于有袋目中的双门齿类。很难想象，史前时代庞大但温顺的双门齿兽及现代澳大利亚象征之一的"考拉"（树袋熊），就是袋狮类最近的亲戚。早在1859年，袋狮化石就被大名鼎鼎的古生物学家理查德·欧文研究过，并被称为"凶猛且带有极大破坏性的食肉猛兽"。

从复原后的化石看，袋狮身体粗壮、结实，头部则较小，前肢强壮并且比后肢长。其特有的2个门齿异常发达，下颌相当有力，适于猎杀。袋狮的前肢有5趾，其中拇趾尤其发达，可以对握且有锋利的爪，这在非灵长类动物中是极其罕见的，因此袋狮树栖觅食说得到了学界的首肯。它们往往利用丛林的掩护进行突然袭击，用锋利的爪牢牢勾住猎物的身体，不让其挣脱；而其前肢的强大力量迅速压制住猎物，接着用有力的门齿咬向猎物的咽喉或鼻子；在巨大咬力的作用下，即便是大型的双门齿兽也难逃一劫。

根据业界的最新研究成果，袋狮是史前食肉猛兽中咬力最强的。澳大利亚悉尼大学的一个研究小组在分析了39类灭绝和现存肉食性哺乳动物的犬齿，并考虑动物咬力和其身体大小的相对关系后得出了这一结论。

澳大利亚大陆脊椎动物的发展史确实与别的大陆有明显差异，一些特化的地栖鳄鱼和巨犀长期占据着食物链顶端，而作为哺乳动物在澳大利亚的主要代表——有袋类，却长期没能演化出真正的霸主型的猎手，直到更新世时屠戮袋狮的登场，澳大利亚有袋类总算有了配冠以"猛兽"称号的代表。它们虽然比真正的狮子要小得多，但已经是有史以来最大的有袋食肉动物，比更古老的食肉袋鼠类和南美洲的袋剑齿虎还要大。

直到距今5万年前或更近，最后的一只袋狮——也许是在人类烧荒的烈火中，也许是在因人类而出现的澳大利亚野犬们的狂吠中，终于消失在这块神奇的大陆上。

德氏猴

古兽档案

中 文 名 称: 德氏猴
拉 丁 文 名: *Teilhardina*
生 存 年 代: 始新世
生物学分类: 灵长目
主要化石产地: 北美洲、欧洲、亚洲
体 形 特 征: 身长2.5厘米，体重28克
食 　 　 性: 食虫性
释 　 　 义: 献给德日进

》》》

　　腐朽的树干上生长着许多蘑菇，这些菌类和朽木也吸引了许多昆虫和节肢动物。一些大型甲虫的幼虫正在烂木头中悠闲地蠕动，蝗虫和蚂蚁正在不停地咀嚼着蘑菇。突然，一个黑影很快闪过并消失在旁边的枝叶中，刚才还在这里蠕动的一只幼虫不见了。黑影再次闪过，这次消失的是一只刚蜕完皮的小蝗虫。一对在晚上反光的大眼睛暴露了捕食者的位置，原来是几只德氏猴，它们凭借着极强的跳跃能力抓食着森林里的各种昆虫。

　　一只刚刚离开母亲的小德氏猴也参与到这场昆虫大餐中，它仔细搜寻着下面的昆虫，很快选定了一只黑黑的大家伙。小德氏猴不知道它犯了一个致命的错误，它选择的是一只肥大的蝎子。它探了探身子就扑了过去，搏斗很快就结束了。蝎子的毒液迅速起了作用，小德氏猴的呼吸越来越微弱，只是后腿还不时地抽搐着。蝎子似乎很满意今天的猎物，它补蜇了几下，然后用大钳拖着小德氏猴消失在夜晚的灌木丛中……

>>>

德氏猴是一类非常原始而古老的灵长类，属于灵长目的鼠猴总科，有许多与同时期的原始兔猴类相近的特征。其名称是为了纪念法国著名的古生物学家德日进。

早始新世时期，地球上出现了两类不同的原始灵长类，其中一类是兔猴类，比较接近现在的狐猴；另一类是鼠猴类（始镜猴类），比较接近现在的眼镜猴。眼镜猴类今天只在东南亚残留有少数种类，但是它们的远古近亲鼠猴类则是非常兴旺的家族，其中以北美洲和欧洲发现的化石最多，在亚洲也有不少代表。鼠猴类主要生活在始新世，而早始新世的德氏猴是其中最古老最原始的类型，被视为后世鼠猴类的共同祖先。

鼠猴类比较接近现在的眼镜猴

德氏猴于早始新世在欧洲和北美洲同时出现，原本记录有5种，其中相对最原始的比利时德氏猴分布于欧洲，而其他种类均产于美国。2004年，中国科学院古脊椎动物与古人类研究所的倪喜军、王元青、胡耀明和李传夔发表了10年前在湖南衡东发现的属于德氏猴的一个新种，命名为亚洲德氏猴。虽然它被发现的头骨只有指甲盖大小，推测其全身长也不过2.5厘米，看起来很不起眼，但是这个发现却具有重要意义。

原来，亚洲德氏猴不仅使德氏猴的分布扩大到了亚洲，它们也是我国甚至世界已知最古老的"真"灵长类。亚洲德氏猴总体上与比利时德氏猴非常接近，但很多特征更原始，体型也更小巧，是所有灵长类中体型最小的。据亚洲德氏猴的研究者之一李传夔介绍，这两种德氏猴的牙齿结构很接近，但后者更原始些，因此取代了前者成为已知最原始的鼠猴类，也就是说，它们是人类能追溯到的最早灵长类祖先。

亚洲德氏猴眼眶的相对大小要比其他鼠猴类小很多，这可能表明它们是白天活动的。而现存的眼镜猴是典型的夜行性动物，以眼眶特别大而著称。可能鼠猴类最开始是在白天活动，后来才演化出夜行性的种类。但也有人对此提出疑问，认为它们身上还有一些接近夜行动物的特征，而眼眶较小可能和体型有关，不代表是白天活动。

德氏猴在欧洲、东亚、北美洲都发现了，而且欧洲的和东亚的亲缘关系更加密切，这不仅给对灵长类的演化的研究带来突破，同时也对动物地理的研究提供了新的信息。

雕齿兽

古兽档案

中文名称：雕齿兽
拉丁文名：*Glyptodon*
生存年代：上新世—全新世
生物学分类：贫齿目
主要化石产地：中南美洲
体形特征：身长3.0~4.0米
食　　性：植食性
释　　义：雕刻的牙齿

》》》

　　南美洲潘帕斯大草原上的黄昏是美丽的，太阳的余晖把整个天空都渲染成了鲜艳的橘红色，不停流动的河水仿佛宝石一样不停地映射着日光。河滩边上，几头雕齿兽正在饮水，一头背甲上满是抓痕和咬痕的老雕齿兽缓缓地走了过来，周围的雕齿兽主动让出了饮水的位置。这是这群雕齿兽的雌性首领，它带领着这个族群走过了风风雨雨20年，日薄西山的它早已是儿孙满堂，

群体里最小的女儿也在今年产下了后代。正在喝水的老首领突然身体一歪，趴在了浅水河滩上，它就这么无声地死去了，悲伤的情绪迅速在雕齿兽群体里蔓延。在短暂的停留后，群体里另一头老年雌性雕齿兽自然便成了族群首领。在它的带领下，雕齿兽群迈着沉闷的步伐离开了这里。暮色下，它们圆滚滚的甲壳如同一座座小型蒙古包，慢慢隐没在草丛之中，只有甲壳的穹顶还隐约可见。

>>>

犰狳是现存的贫齿目动物中种类最多、分布最广的一类，从美国南部到南美洲南端都能看到这类身披鳞甲、头尾像老鼠的动物，其中最大的巨犰狳有1.5米长。不过，比起其已绝灭的近亲——雕齿兽，它们就微不足道了。

雕齿兽在贫齿目中自成一科，但与犰狳的关系很密切。其外形很像一只有长尾巴的大乌龟，身躯由一块完整的拱形甲壳覆盖着，直径可达2~2.7米，尾巴也被多层套筒状的鳞甲包裹。其体重估计可达一两吨，甲壳的重量就占了1/5。与肋骨形成的龟壳不同，雕齿兽的甲壳与骨骼结构无关，而是在体表角质化硬皮上镶嵌着无数大小不一的六角形骨质鳞片，形成三五厘米厚的硬壳，下面还有一层脂肪。这种鳞甲不仅刀枪不入，而且能整个形成化石保存下来。雕齿兽的四肢粗短强壮，前脚长着可挖土的爪子，后足则类似蹄形。这种结构使它们只能一步步缓慢移动，难以快速奔跑。它们的头颅同样被鳞甲覆盖，上下颌两侧各有7~8枚终生生长的拱形白齿。这些白齿上有一条条的深沟，如同雕刻出来一般，这也是它们得名的原因。

雕齿兽是英国古生物学家理查德·欧文在1839年命名的，它们的种类很多，包括4个亚科。大部分的尾部都是又短又粗、拖在身后，但其中最大的一类——槌尾雕齿兽却有一条长度超过1米、能自由摆动的管状尾巴。这条长尾末端膨大，长着许多角质的尖刺，好似一个流星锤，一般认为这是它们抵御捕食者攻击的自卫武器。然而近来研究显示，这些尾锤上并没有太多撞击的痕迹，表明它们很少被使用，可能仅作为雄兽间求偶争斗的工具。

雕齿兽最早出现在上新世时期的南美洲，到200多万年前扩展到阿根廷、智利、乌拉圭和巴西的广大地带。由于它们是适应热带与亚热带气候的动物，身体结构也非常特化，故而在北美洲并未取得地懒类那样的成功，只有少数化石在美国南部和墨西哥被发现；然而在老家南美洲，它们却占据了广泛而多样的栖息地，不过主要还是生活在开阔的草原地区。大约1.1万年前，随着冰河期的结束和人类进入南美洲，雕齿兽迅速衰微，到大约8 500年前完全灭绝。

洞狮

古兽档案

中文名称：洞狮
拉丁文名：*Panthera leo spelaea*
生存年代：更新世
生物学分类：食肉目
主要化石产地：欧洲、北亚
体形特征：身长3.8米，肩高1.4米
食　　性：肉食性

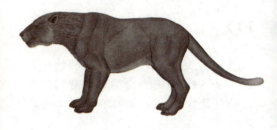

》》》

　　30万年前一个秋天的早晨，阿尔卑斯山群峰环抱下的草地郁郁葱葱，各种食草动物埋头啃食着各自爱吃的植物，不时挤挤撞撞，好不热闹。为应付即将到来的严冬，它们不得不拼命大吃，以储存尽量多的脂肪。而繁茂密集的野草掩盖了两头洞狮的悄然接近。这两头重达370千克的巨型猫科动物故意从山坡后绕道潜伏，以避开植食性动物灵敏的嗅觉。但还没等它们进入埋伏圈，对面林地里忽然响起凄厉的吼叫，整个兽群突然受惊，如万马奔腾般直朝洞狮埋伏的地点冲了过来。出于长期演化出的本能，洞狮们迅速锁定了目标，一跃而起扑向不远处的一只雌性大角鹿，又一场杀戮在尘烟滚滚中即将完成。

》》》

　　洞狮起源于一种早更新世生活在非洲的大型猫科动物——化石狮。到了距今50万年前，化石狮已广布于非洲大陆的东部和南部。有化石记录显示，其中一些成员开始"走出非洲"并独立演化。进入亚洲东北部的成员演化成了杨氏虎，而进入欧洲的化石狮适应了山地和相对寒冷的气候及猎物的构成，体型进一步增大，进化成了新的亚种——洞狮。

　　洞狮的适应力是如此之强，在距今30万到10万年期间，洞狮的足迹就遍布了欧洲北部和中部的草原、苔原、荒漠和半荒漠地区。不过很明显，它们不太适应密集的森林或较深的雪原。洞狮化石在欧洲最西分布达不列颠群岛，最东进入西伯利亚。它们的主要猎物可能是草原上的各类马、骆驼、野牛和猛犸象幼崽，也许就是追踪这些迁徙性很强的猎物，它们中的一支通过了冰河时期的白令陆桥，进入了陌生的北美大陆。更加广阔的原野迫使它们演化出长长的四肢，以利于更快地奔驰，于是另一个奇迹——美洲拟狮亚种出现了。这些美洲大陆的狮子身材修长，比现代非洲狮大25%左右，雄性平均体重可达235千克，但少数化石显示其最大者几乎和最大的洞狮一样大。它们的犬齿也非常发达，上犬齿长度常常超过10厘米，几乎不逊于各类剑齿虎。与此同时，留在非洲的化石狮也逐渐进化成现代的非洲狮。

　　与现今的非洲狮相比，洞狮身体的各个部位都相应增大，只是尾巴较短。它们比普通的非洲狮平均要大出25%~35%，身躯和四肢也更为粗壮，显得异常魁伟。最大的雄洞狮身长3.8米，肩高可达1.4米，超过东北虎和已灭绝的各种剑齿虎类，是有史以来体形最大的猫科动物（人为"制造"的狮虎兽除外）。它们的形象曾出现在石器时代欧洲先民的岩画和雕刻作品中，这些最古老的人类艺术品同时也成了科学家手中的宝贵材料。根据这些可以看出它们的毛皮上有隐约可见的斑纹，雄洞狮的脖颈也有环状鬃毛，只是远不如非洲狮显著。

　　一般认为，由于身躯庞大、猎物数量又少，洞狮可能不会结成非洲狮那样十几二十只的大群，而可能结小群、成对甚至单独生活。雄洞狮作为第二性征的鬃毛不发达，可能与社会行为不如非洲狮频繁有关。

　　洞狮曾与现代人的祖先共存了很长时间，直到大约1万年前。至于它们的灭绝原因，不仅是和人类争夺洞穴作为居巢被大量猎杀，更主要是因为它们的主食——大型食草动物数量下降，失去食物的洞狮也就随之绝灭。在此之后，南欧的巴尔干半岛上还生存着其他亚种的狮子，直到人类文明出现很久以后才最终消失。

洞熊

古兽档案

中 文 名 称：洞熊
拉 丁 文 名：*Ursus spelaeus*
生 存 年 代：更新世
生物学分类：食肉目
主要化石产地：亚欧大陆
体 形 特 征：最大体重约1.0吨
食 　 　 性：杂食性

》》》

5万年前的欧洲南部寒风肆虐，草木凋零殆尽，一队尼安德特人正从山下走来。与现代人相比，他们显得矮小而壮实，鼻子也因适应气候而变得扁平、硕大。已经到来的严寒，迫使这队尼安德特人要尽快找到温暖的山洞过冬，但此时大多数的洞穴都已经有了厉害的"主人"，如洞熊、古棕熊、洞斑鬣狗等，其中大而宽敞的一定是被洞熊所占据。前辈留下的经验告诉尼安德特人，赶走洞熊的最佳时机要等到真正的冬季到来以后，乘它们冬眠时进行驱逐或猎杀。但这个部族却不能等，因为族中一位怀孕的女性即将临盆，他们必须冒险。走到半山腰，一个幽深的洞口映入他们眼帘。商量一阵之后，几个年轻力壮的尼安德特人拿着石矛、点着火把率先走了进去。不多时，一阵可怕的吼叫声划破了夜空，在迅速退回的尼安德特人身后出现了两头张牙舞爪的巨熊，站立起来高达3米以上，身躯犹如铁塔。更多的尼安德特人前仆后继地开始了围攻，一场循环往复几十万年的人熊大战即将再次上演。

》》》

目前已经清楚，洞熊与现代棕熊都是起源于埃楚斯堪熊中的一支，后者是早在200万年前生活在欧洲、以植物为主食的一种熊类。自晚上新世以来，熊科动物中的熊属动物呈一家独大的趋势，例如，在意大利北部地区更新世地层中就发现了共存的洞熊、古棕熊、德宁格尔熊的化石，其中洞熊抢先获得了演化中的优势地位，它们的化石从欧洲到远东都有发现，例如，中国著名的周口店地区同样有洞熊分布。

从化石上可以看出，洞熊类的体形及重量因分布的环境不同而有明显差异，与今天分布更加广泛的棕熊类似。英国肯特郡山洞中发现的洞熊有330至440千克重，而德国山区发现的洞熊最大个体估计体重可达1吨，比现今最大的阿拉斯加棕熊还要大，甚至超过同时代的美洲巨型短面熊，成为有史以来最大的食肉目成员。不过，洞熊并非嗜血成性的食肉猛兽，它们的主食是各类草根、茎、浆果、蜂蜜等，当然有时也袭击并吃掉一些小动物，遭受攻击时也具备强大的自卫能力。

洞熊通常以小家族群体的形式生活，彼此间有相当的协调和联系。正如其名，它们从出生到死亡，大部分时间都栖息于山洞或其附近，而古棕熊及其后裔只是冬眠时才进入山洞中。

洞熊的消失之谜相当复杂，学界对此有很多相关解释，如基因理论认为，其有基因缺陷；气候理论认为，气候越来越冷，而洞熊类仅仅适合于间冰期等，但人类对它们的不断猎杀无疑也是一个重要原因。各个时期的化石证据表明，在距今30万年到1.5万年的整个晚更新世，洞熊遍及亚欧大陆的各个角落，而到最后的冰期结束时它们也彻底消失在旷野中。

据研究，早在克罗马农人（现代智人）出现在欧洲之前，洞熊的数量就已呈明显降低之势。虽然尼安德特人也已捕杀洞熊和德宁格尔熊，但现代智人的工具和围猎技巧更先进，进一步加剧了洞熊灭绝的速度。在欧洲早期的岩画作品中，就有古人类用长矛围捕狂怒的熊类的场面，而中国著名的周口店遗址中，洞熊、鬣狗与其他被狩猎的动物的残余骸骨也出现在当时古人类"篝火晚会"的遗迹中。大约1万年前，欧洲最后的20多只洞熊在今天的南斯拉夫山区被人类猎杀，其尸骨化石上人类矛头的痕迹十分清晰。

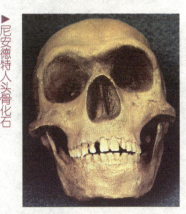

▶尼安德特人头骨化石

短面熊

古兽档案

中 文 名 称：短面熊
拉 丁 文 名：*Arctodus*
生 存 年 代：更新世
生物学分类：食肉目
主要化石产地：美洲大陆
体 形 特 征：身长4.0米，肩高近1.7米
食　　　　性：肉食性

》》》

　　20万年前的美国北部原野上，一头高大而略显瘦削的巨熊正巡视着自己的领地，不时抬头向天际发出嚎叫，似乎正在告知那些正躲在某个阴暗角落的觊觎者：它就是当时这片土地上至高无上的王者——巨型短面熊，其尊严不容侵犯。突然，它灵敏的鼻子嗅到了鲜血和内脏的气味，于是巨大的身躯开始加速跑动，不一会儿便来到了一个屠宰场，几只致命刃齿虎正撕扯着一

匹刚刚捕到的巨足驼。它大摇大摆地向它们走去，嘴边已经流下了唾液，沾满了尖利的牙齿。虽然这些刃齿虎是比现代非洲狮还要雄壮有力的猛兽，但在这头硕大无朋的短面熊面前就显得微不足道了。它们开始还围成一排，与咄咄逼人的短面熊对峙着，但很快就自知不敌，让出了身边的尸体……

>>>

在更新世时期的美洲，巨型短面熊是很有特点的一类动物。除了那张生满利齿的大嘴，它们最显著的特征就是拥有修长的、与其他熊类截然不同的四肢。其腿骨及关节骨非常独特，使它们能走出笔直行走的步伐，并以较快的速度追捕猎物。而当时几乎所有的其他熊类行走时都是脚趾向内弯的"内八字"，故而看起来总是步履蹒跚、笨拙缓慢。

巨型短面熊四肢着地时肩高接近1.7米，而当其用后肢站立起来时则要超过3.4米，比已知最大的阿拉斯加棕熊还要高（最大者甚至高达4.3米）。但它们就其个头而言并不算重，因为其四肢和身体结构较为"苗条"。据估算，即使在"贴秋膘"的时节，巨型短面熊的平均体重也仅为700千克左右，比最大的阿拉斯加棕熊要轻些。

巨型短面熊与现今的非洲狮一样有着宽阔的前额，其脸型也远短于其他熊类，短宽的颌骨及发达的肌肉组织使它们具备了强大的咬力。

当时活跃在北美大陆的短面熊类除巨型短面熊外，还有太平洋沿岸森林中的倭短面熊。其身体结构较为原始，牙齿较小，很可能像现代熊类一样，以杂食为主。

巨型短面熊曾遨游在当时广阔的北美洲稀树草原和苔原地带，连最北部的育空和阿拉斯加地区都有它们的踪迹。巨型短面熊的身体结构使它们拥有强大的爆发力和速度，加上有力的双颌、尖锐的牙齿，它们成功压制住了当时的其他食肉猛兽，成为更新世北美大陆上最大也是最可怕的掠食者。

巨型短面熊灭绝于北美洲最近一次冰期的到来，其中原因众说纷纭，以前的解释是：因为当时北美洲大型植食性动物相继绝灭，造成短面熊食物短缺。但现在发现，该假说疑点不少，因为部分大型猎物并没有灭绝；且通过对育空地区古棕熊化石的系统研究，科学家们发现，受巨型短面熊的压力而被迫迁徙的古棕熊类，在短面熊灭绝后迅速回到北美大陆的北部，成功填补了短面熊留下的生态空间，并繁衍至今，这提示我们北美洲短面熊类的灭绝，有着我们目前还不知道的、更深刻的原因。近年来较为流行的"病毒说"也是一种可能，通过白令陆桥进入美洲的人类和其他哺乳动物带来的狂犬病毒等或许正是迅速杀死种种美洲史前巨兽的凶手。

父猫

古兽档案

中 文 名 称：父猫
拉 丁 文 名：*Patriofelis*
生 存 年 代：始新世
生物学分类：肉齿目
主要化石产地：美洲大陆
体 形 特 征：身长>2.0米
食　　　性：肉食性
释　　　义：父本的猫或猫的父本

》》》

　　随着阴森丛林深处传出的鸟叫声，始新世北美洲的一个早晨悄然来到了。清澈的河水静静地流淌，把翡翠般的密林蜿蜒分割开来。古猫早早便出来觅

食，它从树上溜下来，追逐着一只原古兔。虽然多年后小古猫的后裔们一度占据整个地球食物链的顶端，但现在的它们还是有点弱不禁风。这是一只身形堪比现代虎的大型类猫动物，可其头部又像今天的鼬类，它就是活跃在始新世的肉齿目牛鬣兽科中的另类——父猫。

>>>

所谓"肉齿目"以前曾被称为古食肉目，是古近纪最主要的食肉动物群体。早始新世的肉齿目动物的身体结构在许多方面与当时原始的有蹄类动物（如原蹄兽）或踝节目动物非常相似，但其后它们在食肉性方面的演化就越来越明显了。巧合的是，肉齿类与后来的食肉类动物在大体外形上有惊人的形似，都可以分为"猫形"类和"犬形"类。其中牛鬣兽类就可勉强称为"肉齿目猫形类"。

牛鬣兽类最早在晚古新世的北美洲出现，早期种类很像猫或鼬，都是些身体细长、四肢短小的食肉动物。它们动作敏捷、善于攀爬，很可能是杂食性的。由于当时的哺乳动物都还很原始，远不如猫、鼬灵活迅猛的牛鬣兽得以兴旺发达到早始新世。

不过，牛鬣兽科大型成员中最像猫的还是父猫类。北美学者们研究父猫的化石发现，其脚趾粗壮且分得很开，显示出强烈的树栖抓握特性和游泳能力。虽然它们的爪子没有现代食肉目猫科动物的爪子锋利，也缺乏伸缩性，但仍能保证抓住、压制猎物的能力。

父猫化石产地的地层显示，其主要活跃在森林近水的地域。由其头骨和齿系发育可见，与大多数肉齿目动物类似，父猫在演化中逐渐变成凶猛的掠食者，能附着大量咬肌的头骨及沉重的下颌骨均显示出它们强大的咬力，甚至有能力咬碎骨骼，而杀伤和噬咬猎物的主要武器则是其犬齿、前白齿和粗大的原始裂齿，说明父猫主要的猎物是陆地动物而非水中的鱼类。

从化石骨骼上我们可以看出，父猫是标准的跖行动物（用脚掌行走），觅食时行动迅速，远比其同时代的近亲牛鬣兽、裂肉兽等显得灵活且"进步"。但它们仍旧具有肉齿目牛鬣兽科成员的一般特性，包括笨重的头骨和躯干骨骼，以及发达的尾巴和相对很小的大脑。它们虽然在演化中已经隐约体现出"猫型"食肉动物在许多方面的进步，但它们毕竟不是真正的猫，而是大自然导演的又一出趋同进化的剧目。

当古猫兽类的后裔们茁壮发展成食肉目动物后，展现出勃勃的生机，而父猫与其他肉齿目牛鬣兽科成员一样，逐渐在竞争中落于下风，至始新世末期，父猫终于无可奈何地退出了自然历史的舞台。

高驼

古兽档案

中 文 名 称：高驼
拉 丁 文 名：*Aepycamelus*
生 存 年 代：中新世—上新世
生物学分类：偶蹄目
主要化石产地：北美洲
体 形 特 征：身长3.5~4.0米，身高约3.0米
食　　　　性：植食性
释　　　　义：高个头的骆驼

　　温暖的阳光洒在中新世时期的北美洲大草原上，一群高驼来到河边喝水，它们虽然可以长期不饮，但既然有水还是要喝的。其中很多只都俯低身体，像长颈鹿一样叉开前肢，再低头喝水。虽然高驼只有3米高，但它们脖子和四肢实在太长了，只有这样才能喝到水。

　　一些高驼在喝足水后，趴在地上开始反刍，几只雄高驼则对树冠的叶子产生了兴趣。它们前肢稍微跪下，然后发力直立起来，用前肢扶住低处的树干，伸长脖子去够高处的树叶。就在这时意外发生了，一只高驼滑倒在了河边。它努力地想站起来，但河边的石头太滑了，它的每次挣扎都只是激起更大的水花、喝进更多的水。面对如此场景，它的同伴们都吓得远远跑开了……

高　驼最早出现在中中新世，在分类学上和南美洲现存的羊驼关系最近，但比羊驼大得多。高驼的平均身高约3米，大者可达3.2米，主要生活在开阔林地或者稀树草原上。它们属于早期驼类向大型化发展的一支，与今天的羊驼相比，除了身材更高大、四肢和脖子更长，其他方面大同小异。与现在的草原骆驼不同，它们的牙齿并不适合吃草，而适合吃灌木和树叶。高驼的四肢骨骼长度差不多，所以其步伐和行动方式都非常像现在的骆驼，行走时同时移动一侧的前腿和后腿。

　　与其高大身躯相比，高驼算是非常瘦削的，其体重可能只有150至200千克。它们的肢骨特别细长，但并不脆弱，能提供很快的奔跑速度。但它们实

在太过瘦弱，因此有观点认为高驼并不适合长时间快跑，或许只能在短距离内凭借快速爆发力来逃脱肉食性动物的追猎。

已发现的高驼化石包括许多种类，但相互差异不大。通常认为它们起源于早中新世时期的小古驼。这是一类短头颈、类似羚羊的原始驼类，在早中新世曾是北美洲大草原上最常见的动物之一。化石显示，小古驼的身高在进化过程中有逐渐增高的趋势，很可能它们在中中新世时期就进化成了高驼。

大约700万年前，北美洲的开阔林地里曾经成群结队的高驼不见了，普遍认为它们是在晚中新世最终灭绝。很可能是因为自然环境的改变而消失的，而晚中新世崛起的新型驼类接替了它们的位置。

古大狐猴

古兽档案

中 文 名 称：古大狐猴
拉 丁 文 名：*Archaeoindris*
生 存 年 代：中上新世—全新世
生 物 学 分 类：灵长目
主要化石产地：马达加斯加岛
体 形 特 征：体重为180~200千克
食　　　　性：植食性
释　　　　义：古老的大狐猴

>>>

　　对于生活在马达加斯加岛的动物来说，这里的确是个天堂，既没有大陆上特有的大型肉食性猛兽，也没有在天空盘旋的猛禽。不远的树林中，一群环尾狐猴正在休息；离它们不远的地方，一群古大狐猴正在采集灌木丛中的嫩枝嫩叶。这些体重超过200千克的巨大灵长类是马达加斯加岛上最庞大的哺乳动物，成年后没有任何天敌。这群古大狐猴数量并不多，因为它们的群落

并不是依靠血缘关系组成的，成员流动性很大。它们很快就把这片灌木丛捣成了碎片，正缓缓离开这里前往下一个觅食区。它们并不知道，很快有一种叫人的动物将会来到这座古老的岛屿上，为这里的生灵带来巨大劫难……

>>>

化石记录表明，狐猴类最早出现在5000万年前的非洲大陆，可能起源于兔猴这样的早期灵长类。

它们在马达加斯加岛尚未与大陆分离的时候来到这里，并在当地独立演化。由于缺乏大型肉食性猛兽的危害和其他进步灵长类的竞争，它们形成了极具多样性的一个类群，成为岛上的优势类型，占据不同的生态地位。

在史前多姿多彩的狐猴家族中，出现了不少大型化的分支，它们有的像树袋熊般栖息在树干上，如80千克重的爱氏巨兔猴；有的则像树懒一样整天悬挂在树枝上，行动迟缓，如古原狐猴；还有的则如大猩猩一样缓步于林间，那就是古大狐猴了。

古大狐猴又名马达加斯加岛猩态狐猴，属于灵长目大狐猴科，是历史上曾出现过的最大狐猴类。它们体型庞大，推测体重在180至200千克，甚至超过了一般的雄性大猩猩，在有史以来所有的灵长类中也仅次于步氏巨猿。

学界一般认为，古大狐猴的沉重身躯使它们难以在树上攀爬，而马达加斯加岛缺少大型食草类，仅有的黑倭河马和2种象鸟由于活动范围的限制，也没有成为广泛的地面动物。而古大狐猴的出现正好填补了这个空缺，成了当地重要的地栖动物种类。它们虽然行动缓慢，但由于体型庞大，加上当地没有什么大型食肉动物，成年个体几乎没有敌害可以威胁它，生活可谓逍遥自在。

大约2000年前，马达加斯加岛的气候发生了重大变动，气候更加干旱，植物减少，这直接导致了许多地面大型狐猴的减少。随后人类的到达更起到催化剂的作用，很快马达加斯加岛的诸多大型狐猴和其他动物都相继灭绝，古大狐猴的魁伟身影也只能留在现代人的想象之中了。

古菱齿象

古兽档案

中 文 名 称：古菱齿象
拉 丁 文 名：*Palaeoloxodon*
生 存 年 代：更新世
生物学分类：长鼻目
主要化石产地：亚洲、欧洲
体 形 特 征：身长7.0米，肩高3.5米
食　　　性：植食性
释　　　义：古老的菱形牙齿（象）

>>>

　　早更新世的南亚大陆笼罩在一片片碧绿的森林下，草海在微风的吹拂下不停地翻滚着，古纳巴达河奔腾着流向大海。富饶的生态环境和四季如春的气候吸引了大批的生物来此生息繁衍，其中许多纳玛象就生活在开阔的森林地带。这一群纳玛象共有三十多头，首领是一头60多岁的老雌象，此外还有十多头成年雌象和一些未成年象，而幼象只有两头。许多猛兽都觊觎没有自卫能力的幼象，但是看到幼象身边这些长着3米长巨大象牙的成年象后，它们就都放弃了这种想法。

　　象群正在森林边上寻找食物时发生了骚动，老首领和另外两头年过半百的老雌象一字排开，正在阻止一头小雄象回到象群内。小雄象很迷惑，想要回到象群内，但慈祥的老首领今天却冷若冰霜，和其他雌象一起驱赶它。其实老首领是希望这头已经成年的雄象自己去独立生存，因为纳玛象群是不

能容忍成年雄象的存在的。小雄象在一次次尝试无果后，不得不一步三回头地离开了象群，去开创一片自己的天地……

>>>

真象类的起源历史相当悠久，最早从晚中新世晚期就开始出现。在晚上新世至早更新世时期，各类真象逐步进入繁荣阶段。而到更新世结束时，只有寥寥数种真象残存下来。进入人类史后，全世界就只剩下亚洲象和2种非洲象，近200年来更是数量日渐减少，分布范围也逐步萎缩。根据已知材料，真象类起源于非洲的剑棱齿象，而直到上新世这里才出现了亚洲象与非洲象的早期类型。大约300万年前，生活在非洲的亚洲象类中有一支进入了亚洲，并迅速分化出更多种类，占领更多的生态环境，而留在非洲的亚洲象类则约在250万年前灭绝。

1846年，福尔克纳等人在印度中部地区的纳巴达河谷沉积物中发现了一个象类头骨化石。他们当时认为这是一类很原始的真象，于是命名为纳玛象。纳玛象身材较为高大，头骨高，额骨平而宽，上门齿（象牙）较直且末端微向上内弯曲，一般可达3至4米长。其白齿则是高齿冠，适合咀嚼较硬的植物。1924年，日本人松本彦七郎研究日本出土的纳玛象化石后认为，这应该是一种和非洲象有关系、可能是非洲象祖先类型的古象，将其归入新建立的古菱齿象类中。

古菱齿象腿骨化石

1973年，马格里奥对真象类进行了系统分类总结，认为古菱齿象所表现出来的原始特征并不是系统发育的特征，而是古老原始特征的一个残留。在头骨解剖方面，古菱齿象与非洲象并没有特殊关系，他主张取消古菱齿象属，把这个属的成员重新分配到亚洲象或者猛犸象内。国内外许多学者也同意取消古菱齿象属或者把它降为亚洲象的一个亚属。但国内现在也还有一些学者认为古菱齿象保持独立属比较好。

中国学者认为从上新世到更新世，亚洲生活着纳玛象、诺氏象、淮河象3种古菱齿象，其中中国在更新世期间只存在淮河象。这些象生存在比较寒冷的时期，分布范围从温带一直到热带地区都有，它们身上可能长有比较发达的毛发。根据多年来对化石产地植物花粉和古地理气候环境的研究，人们相信纳玛象、诺氏象等是生活在平原森林、丘陵森林或密集林地的草原地区的大型象类。

古中华虎

古兽档案
中 文 名 称：古中华虎
拉 丁 文 名：*Panthera tigris palaeosinensis*
生 存 年 代：早更新世
生物学分类：食肉目
主要化石产地：中国
体 形 特 征：身长1.5米
食　　　性：肉食性
释　　　义：古代中国的虎

>>>

中午的阳光很强烈，但是也没有穿透这里浓密的树林，地面上只落下稀疏的点点光斑，潮湿的地面生长起密密麻麻的蘑菇来。这些鲜嫩的菌类，吸引了很多鹿和猴子来这里采食。那些淘气的幼鹿和幼猴很快就四散跑开了，成年动物忙于进食，也无暇照顾它们。它们没有发现，那块巨大的岩石上面正闪动着两个光点。这是一只雌性古中华虎，它的目光扫视着下面的鹿和猴子，选择要捕杀的对象。一只肥硕的母猴离它越来越近，最后就停在岩石下，坐在那里吃着蘑菇。古中华虎压低身体，肌肉紧绷，一个纵跃就扑了下去。猴子本能地向旁边一滚，躲过了它的攻击。但是还没等它再有什么动作，虎掌就重重地拍在

了它的头上，猴子连尖叫都还没发出就死了，其他鹿与猴子吓得早就跑没了影。古中华虎叼起猴子的尸体，也迅速消失在浓密的灌木丛中。

>>>

虎是亚洲特有的动物，也是现存猫科动物中最强有力的。到现在人们还没有在亚洲以外的地区发现过虎的化石。现代虎种类很稀少，我们习惯说的东北虎、里海虎、华南虎等其实都是虎这个物种的亚种，而不是指独立物种。

虎和狮、豹同属于猫科动物中的豹属，今天人们只要通过毛色花纹的不同就能轻易分辨它们。但如果只通过骨骼的话，区分这些动物就比较困难了。一般情况下，虎与豹可以粗略地根据大小来划分，而虎和狮的区分就要麻烦许多，这两种动物身材大小相差不大，但是根据解剖学家多年的努力，目前已经可以通过头骨、下颌等一些细微的差别来区分了。

第一个古中华虎化石在1920年发现于河南省。瑞典古生物学家师丹斯基经研究后认为它兼有豹、虎、狮的特点，所以与豹、虎、狮都不同，而是一个独立的种，于是将其命名为古中华虎。尽管难以判断这些化石所处的地质年代，但与之一起发现了长鼻三趾马的化石，这种三趾马主要生存在晚上新世和早更新世期间，所以人们推测古中华虎可能也生存在200万年前左右的早更新世期间。

古中华虎到底是不是虎，在很长时间内都存在争议，曾有人认为古中华虎很可能是现代豹的祖先。德国生物学家海默在1967年的论文中详细指出，古中华虎的绝大多数特征确实都和虎更为接近，体形比现代虎略小而比豹子大，应该属于现代虎的一个绝灭亚种。这一结论是比较可信的，即使古中华虎不是真正的虎，那么它与虎的关系也最为接近，所以古中华虎确实很有可能是虎的祖先。

现代虎不仅体形更大，头骨形态也与古中华虎有一定区别。在中更新世至晚更新世期间，北起哈尔滨，南到广西的广大地区都发现了许多现代虎的化石。人们认为，虎之所以能在中国扩散得这么快，应当得益于更新世时期大量的有蹄类动物和对新的气候环境高度适应。虎类在发展起来后就开始全面向亚洲扩散，最后成为亚洲特有的大型猫科猛兽。

华南虎是现在很稀少的虎类之一

冠齿兽

古兽档案

中 文 名 称：冠齿兽
拉 丁 文 名：*Coryphodon*
生 存 年 代：晚古新世—始新世
生物学分类：钝脚目
主要化石产地：亚洲、北美洲
体 形 特 征：身长2.3米，身高1.0米
食　　　性：植食性
释　　　义：有冠的牙齿（兽）

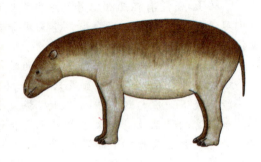

》》》

池塘上笼罩着浓雾，往日波光粼粼的水面此时显得灰暗而深邃。一头雌冠齿兽带着两只幼崽穿过已被它们踏出一条小径的灌木丛，来到岸边喝水。它是这片丛林里最大的动物，体重相当于一头黄牛，但矮壮的身材又有些像猪。两头幼冠齿兽还有几分生气，一路上不时相互追打着；而雌冠齿兽就显得迟钝多了，从眼神到动作都几乎毫无活力，也从不停下来管一管孩子。它

们大口地舔着水，柔软的嘴唇发出响亮的吧嗒声，仿佛对周围可能的危险毫不关心。

正在这时，水边不远处响了一下，一段隐约像是枯树的东西不见了，水面泛起了涟漪。还没等它们反应过来是怎么回事，一张鳄鱼的巨口猛然露出水面，咬住其中一只幼冠齿兽的脖子并把它拖入塘中。雌冠齿兽和另一只幼崽则晃动着肥胖的身躯，头也不回地朝灌木丛小径深处跑去。

>>>

上文所介绍的冠齿兽属于钝脚目，是恐龙灭绝后最先兴起的早期"怪兽"之一。它们体型笨重，重达300至500千克。若不是一对发达的大獠牙，从外表上很容易看出它们是真正的素食者。它们的四肢强壮短粗，大腿长、小腿短，能有力支撑身体而不适合快速奔跑。虽然头很大，但颅容量不过90克，与体重的比例较绝大多数现存哺乳类都要小。其实早期大型化的哺乳类，其智商的提高往往赶不上块头增长的速度，可能不比一般的植食性恐龙更聪明。此外，它们大而锋利的上犬齿如同野猪的獠牙，除自卫之外也是掘土取食的工具。

钝脚目的祖先是某种小型、杂食的早期踝节类动物，早在6 000万年前的新生代之初就已分化出来。此后它们的食性趋于单一，逐渐演变成当时屈指可数的"大型"植食性动物，与恐角类等同被称为古有蹄类。其最早成员的四足不是蹄而是爪子，可能还保留着树栖的习性。而后该家族又涌现出了全棱兽、巨钝脚兽和笨脚兽等，它们的体形愈加笨重，分别与后来的绵羊、爪兽和地懒类很相似。

5 400万年前，上述各种钝脚类动物均已消失，而冠齿兽仍在亚洲、北美洲继续兴盛，成为本家族中最成功的一类。我国不仅已出土大量的冠齿兽化石，还发现了一些与它们很接近的钝脚类动物，如亚洲冠齿兽、五图冠齿兽等。它们的后裔——后冠齿兽在东亚一直延续到渐新世。

总体而言，钝脚目动物带有很多原始特征，除智力低下、牙齿落后以外，其身体结构也不够"优化"，不仅四肢的构造远没有后来的有蹄类适合快速活动，而且四蹄仍保留着5个脚趾，直到最后也没有减少的趋势。然而在那个恐龙刚刚离去的洪荒年代，它们迅速发展，在新生代历史上留下了独特痕迹。不过，它们毕竟难以和更进步的有蹄类竞争，在日益增强的食肉动物面前也显得越来越脆弱。进入渐新世后，最后的钝脚类很快被势不可当的奇蹄类挤上灭绝之路，完成了在进化舞台上的表演。

和政羊

古兽档案

中文名称:和政羊
拉丁文名:*Hezhengia*
生存年代:晚中新世
生物学分类:偶蹄目
主要化石产地:中国
体形特征:身长1.5~2.0米
食　　性:植食性
释　　义:来自和政的〔羊〕

>>>

　　群体中,一只雌和政羊已经怀孕足月,但却一直没有生产,而且严峻的现实可能使它不得不做出流产的选择。几个月来,这里的环境日趋恶化,灌木上的最后一片叶子也被和政羊们吃掉了,一些耐不住饥饿的和政羊甚至已开始试着去啃树皮或荆条。笼罩在它们身上的恐怖气氛越来越浓烈了,群体中的老羊和小羊早就不见了踪迹,现在只剩下一些强健的成年羊。它们在头

羊的带领下已经走了很远，但还是没有发现任何食物，只好穿过一条大河去对岸碰碰运气。和政羊不习惯下水，聚集在水边踌躇不前。终于，在头羊的带领下羊群都跳进了水中，不料水流如此之急，许多和政羊被湍急的水流卷走，最后只有六七只挣扎着登上对岸。它们并没有对不幸死去的同伴表示悲伤，而是在岸上继续觅食，因为现在最根本的就是生存下去……

>>>

中国的甘肃省和政县位于黄土高原和青藏高原的交汇处，处在临夏盆地的南部地区。这里现在是黄土高原的一部分，植物稀少，动物贫乏，人们几乎很难想象几万年前的黄河流域还是植被繁茂、水土肥美的青山绿水。如果再向前追溯几百万年，这里曾经是一个可以与非洲塞伦盖蒂媲美的大草原，当时这片土地上生活着众多的犀牛、象、鹿等动物。随着时间的流逝，这些动物都已经消失在生物进化的长河中了，但是它们中有很多形成了化石并且保存到了今天，其中有一种样子奇特、在发现时就备受关注的动物——步氏和政羊。

和政羊是1998年被发现的。当时邱占祥等几位古生物学家在参观临夏州博物馆时，看到一些奇特的头骨化石，后来又在一个农民的家里发现了几件，这些动物化石和三趾马动物群其他常见的化石混在一起。直到1999年1月，邱占祥和颉光普在和政县协助当地鉴定一批新征集到的化石时才意识到，原来这种奇特的麝牛类动物是和政地区三趾马动物群中最普遍、最有特色的动物之一。将它们命名为和政羊是为了说明它们的分布地区就是在甘肃的和政地区，种名则是为了纪念瑞典古生物学家步林（Bohlin）博士，他对中国麝牛类动物研究曾做出过巨大贡献。

和政羊主要生活在晚中新世中期。它们在当时甘肃的和政、广河、东乡等地分布特别广泛，数量特别多，仅次于大唇犀。最让人惊奇的是，这些身材苗条的羊形动物竟然和现代粗笨的麝牛和扭角羚（羚牛）是亲戚。它们的头骨构造与角的形态和今天分布在极地的麝牛特别接近，头角上也存在一些只有麝牛亚科动物才有的特征。

对化石的研究表明，和政羊确实是一类早期的麝牛类动物，不过它未必是现代麝牛的祖先，因为动物在进化过程中都会产生很多分支，它们走的进化道路不完全一样，所以不能说只要是古代的麝牛就都是现代麝牛的祖先。

▶现代麝牛

后弓兽

古兽档案

中 文 名 称：后弓兽
拉 丁 文 名：*Macrauchenia*
生 存 年 代：更新世
生物学分类：滑距骨目
主要化石产地：南美洲
体 形 特 征：身长3.0米，身高2.4~3.0米
食 　 　 性：植食性
释 　 　 义：伸长的颈部（兽）

▲此图为一雌一雄的一对后弓兽

>>>

在100万年前的潘帕斯大草原上，很少能看到落单的后弓兽，因为这些奇特的滑距骨类动物非常喜欢大群的生活方式。然而，这次却有三头后弓兽掉队了。如此孤单的几头动物更容易被肉食性动物攻击，它们没有众多的耳目来放哨，几乎发现不了任何食肉动物。后弓兽们眼下顾不上进食，而是不停地向四周寻找着，希望赶紧加入其他后弓兽群体。它们没有发现，有两只刃齿虎正在身后冷冷注视着它们。当这三头后弓兽穿越一片茂密的森林时，它们遭到了刃齿虎的伏击。短暂的咆哮和哀鸣之后，只有两头后弓兽狼狈地跑出了森林，向下面的大草原跑去，而另一头则永远不会再出现了……

>>>

在乘坐"贝格尔"号进行的南美洲之旅中，达尔文曾于1834年采到一件动物的脚部化石，并把它和自己在南美洲等地采集到的许多化石都交给了

同胞理查德·欧文。经过欧文的描述与发表后，人们才意识到这种动物代表了一个与以往有蹄类完全不同的古老家族。

后弓兽是滑距骨类动物中最后灭绝的一个分支，属于滑距骨目，因在BBC的《与古兽同行》中出场有几分知名度。滑距骨类动物在进化历史上种类并不多，样子也很少改变。虽然没什么亲缘关系，但由于平行进化的缘故，它们在身体构造和生活习性上都与马、骆驼等很接近，所以看起来不算太怪异。

后弓兽中最大的一种是更新世的巴塔哥尼亚后弓兽，成年兽身长可超过3米，身高往往也接近3米。其体形非常像现代的骆驼，但骨骼构造却完全不同。它们的牙齿不像有蹄类那样特化，拥有包括门齿、犬齿、前臼齿等在内的全部44颗牙齿，不过已有了较高的齿冠。已发现的牙齿化石显示它们主要吃灌木和禾木植物，在食物缺少的季节也会吃较硬的草。后弓兽的另一个明显特征就是它们的鼻孔高度退缩，后期种类的鼻孔已完全退到了头顶上方。

后弓兽的身体构造与同时期的有蹄类相比还存在不少比较"落后"的特征。可随后的生存竞争显示，它们这样的构造显然是成功的，否则恐怕早就和它那些倒霉的南美洲伙伴们一样，在面对北美洲入侵的有蹄类动物竞争时很快被淘汰出局了。事实上，后弓兽显示出了惊人的适应能力，它们在南北美洲连接后与各种马、鹿和驼类等陌生食草动物共存了200多万年。

▶ 后弓兽的体形非常像现代的骆驼

在躯体构造上，后弓兽和马、牛等动物一样，脚部也具有滑车构造，只是更加简单原始。它们的脊背很直，在奔跑中无法弯曲。四肢虽比较细长，却是大腿长、小腿短。根据古生物学家的研究，目前认为后弓兽的奔跑速度其实并不快，很难用速度逃脱捕食者的追击。但其脚和关节构造显示，它们可能会凭借在奔跑中的突然拐弯来甩掉猛兽的追逐。

虽然后弓兽类在面对环境的激烈改变和进步有蹄类动物的竞争中都成功幸存，但它们还是在更新世时灭绝了。这些动物适应能力非常强，人们感到很困惑，不知道它们为何会走向灭绝。解释这一切，或许就是古生物学家的下一个课题。

黄昏犬

古兽档案

中文名称：黄昏犬
拉丁文名：*Hesperocyon*
生存年代：渐新世
生物学分类：食肉目
主要化石产地：北美大陆
体形特征：身长约60厘米
食　　性：肉食性
释　　义：西方的犬或者黄昏的犬（西方意指日落的方向，也指黄昏）

》》》

　　距今3 700万年的早渐新世，覆盖着森林的北美大陆由于气候的变化，一些地方的密林逐渐变成了稀树草原。当然随着气候、环境的变迁，动物界也

发生着转变，古肉齿类中的牛鬣兽、父猫等狠角色已经几乎看不见了，尽管它们赖以生存的丛林依旧；而当初毫不起眼的小古猫的后裔们却在世界各地不同环境中繁衍、生息着，它们将逐渐演化出一个新的庞大的掠食动物家族，我们称之为食肉目动物。

▲黄昏犬头骨化石（9.5厘米长）

>>>

黄昏犬是北美洲早期食肉类中一个非常成功的种属，它们体形不大，十分苗条，有长长的尾巴和短小结实、各长有5个脚趾的四肢。它们是最早的食肉目犬型类动物之一，但吻部还是要短于后来的犬亚科动物，尾部可能会有蓬松的毛发，也可能没有。总的来说，那时候的黄昏犬样子有点儿像现今的灵猫类。

比起其祖先古猫兽，黄昏犬类似乎失去了树栖的能力，但奔跑的能力明显增强，这说明它们已适应北美大陆渐新世开始出现的稀树草原环境。虽然当时的大型鬣齿兽类和同样源出于古猫兽的假剑齿虎科动物们占据着食物链的顶端，甚至威胁着它们的安全，但黄昏犬及其近亲们凭借着灵敏的嗅觉、听觉和耐于奔跑的身体结构，很好地适应了环境的改变，并且日趋兴旺，成为早、中渐新世最常见的一类小型食肉动物。

虽名为"黄昏"，但它们却是一个新兴家族的开创者。黄昏犬作为早期犬科中的代表，不断分化繁衍，学者们也就把当时的黄昏犬、中犬等相近种属称为犬科古犬亚科。

整个渐新世时期，古犬亚科家族异常繁盛。到了晚渐新世时期，随着草原面积开始扩大、植食性动物体形增大，娇小的黄昏犬逐渐退出了自然历史的舞台，但古犬亚科却似乎更显繁盛。其中不但演化出了桑克犬和体重估计可达95千克的奥斯本犬这样的中、大型成员，呈现出奇怪的最后辉煌，而且也孕育、演化出了恐犬亚科和真正的犬亚科的早期成员。

在紧接而来的中中新世，恐犬亚科的成员在北美大陆开始四处蔓延，演化出一个个让今天的我们感到目瞪口呆的物种；而进入上新世后，前两个亚科虽然趋于灭亡，但蛰伏已久的犬亚科此时却终于得到了大的发展机会。与古犬亚科、恐犬亚科局限于北美地区不同，犬亚科成员成功地蔓延到了亚洲、欧洲和非洲，其中一支还被我们的祖先驯化。直到今天，黄昏犬的后裔依然漫游在丛林、草原、山地，当然还有的在我们身边。

069

尖嘴兽

中 文 名 称：尖嘴兽
拉 丁 文 名：*Akidolestes*
生 存 年 代：早白垩世
生物学分类：对齿兽类
主要化石产地：中国
体 形 特 征：身长12厘米
食　　　性：肉食性
释　　　义：尖尖嘴吻的兽类

>>>

　　1.23亿年前辽西的一个夜晚，天色漆黑一团，夜行性动物纷纷出来活动。忽然蕨丛微微动了一下，一只尖嘴兽躲在黑暗中小心观察着外面的世界，见许久无动静才悄悄溜出来。它行进的样子非常奇怪，像今天鳄类或蜥蜴一样四肢向外伸展，匍匐而行。

尖嘴兽摇摇摆摆地爬进密林深处，这里遍铺着厚厚的松柏、银杏败叶，下面则有不少甲虫、蠕虫，正是尖嘴兽的美味佳肴。它在捕捉昆虫时出手迅速准确，与平常慢吞吞的动作迥然不同。只见它用后肢稳稳地站住，前肢拨开枯枝落叶，在松软的地表追寻着蠕虫活动的痕迹。一旦发现，尖嘴兽便用尖吻迅速挑开小石头、障碍物，将蠕虫赶出来并准确咬住，口中的尖锐的牙齿很快把它们嚼碎了。这个贪婪的小家伙不断地进食，因为食物中所含的能量基本上与食物的体积成正比，所以尖嘴兽老是挑大的虫子吞吃，这样更容易填饱肚子。

代松鼠

▲ 尖嘴兽的前肢如同现代

尖嘴兽是中科院南古所的李罡副研究员和美国匹兹堡卡内基自然史博物馆副馆长罗哲西教授于2006年1月在《自然》杂志上发表的新物种。根据尖尖的嘴吻，这种新哺乳动物被命名为西氏尖嘴兽，属于中生代的对齿兽类，生活在距今约1.23亿年前的中国辽宁。

尖嘴兽的体型非常"袖珍"，从头到尾只有12厘米长，15至20克重。虽然个子不大，但它们却是不折不扣的"怪兽"。之所以这样说，是因为尖嘴兽的前肢如同现代松鼠，保持把肘部弯折在身体正下方的姿态步伐，而后肢则是典型的"外八字"，大腿平伸，小腿90度急转直下，宛若蜥蜴等爬行动物的经典姿势。而且，以胸部为分界线，专家还在尖嘴兽的上下半身找到了许多进化上的差异。比如，其嘴里长着兽类的牙齿，而腰间却留有原始哺乳动物才有的腰肋骨。

罗哲西教授介绍说："尖嘴兽就像是各种动物身体结构的拼合体。它的前半部分与有袋类（如袋鼠）和有胎盘类（大多数现代哺乳动物）相似，后半部分却又无疑是属于单孔类（如鸭嘴兽）的。其骨架有着许多镶嵌进化的特征，这些特征能同时在现代单孔类和现代真兽类身上找到，但又从没有在一个物种上同时发现过。这种哺乳动物重新进化出了一些原始的后肢特征，真是不寻常。"

那为什么尖嘴兽身上出现了这种上下半身的差异呢？李罡副研究员指出：进化过程应该是同步的，而尖嘴兽的上半身完成了爬行动物到哺乳动物的进化，但可能因为各种原因，比如呼吸和运动的需要，或是生活方式的需要，下半身又退化到了原始状态。但这都是假设，尖嘴兽早已灭绝，没有后代，这一切都没有充足的证据，还需要做进一步的研究。

剑齿虎

古兽档案

中文名称：剑齿虎
拉丁文名：*Machairodus*
生存年代：中新世—更新世
生物学分类：食肉目
主要化石产地：亚洲、非洲、北美洲
体形特征：身长2.5米，肩高1.0米
食　　性：肉食性
释　　义：短刃（虎）

》》》

中新世一个格外干旱的夏季，小树林中的一株灌木下，三只刚长出乳牙的大后猫幼崽正慵懒地躺在地上，突然它们看见一个比母亲更巨大的脑袋在面前张开血盆大口，顷刻间就有两只死于非命。来者是一只巨大的雄性巴氏剑齿虎——附近一个剑齿虎群的家长。由于食草动物纷纷远遁他处，食肉动物的处境也格外艰难，这只巴氏剑齿虎只好使出这等"卑鄙"手段清除竞争对手。它刚要去咬最后一只幼崽，突然被什么东西吸引得猛然转身，迎面正是刚刚捕猎归来的大后猫母亲。通常后猫从不敢和大小、体重都超过自己两倍的巴氏剑齿虎正面对抗，但强烈的母爱使它已不顾一切，扑向入侵者又抓又咬。巴氏剑齿虎不由得后退几步，但很快被对方惹怒了，一掌向它头上拍去。大后猫母亲头昏眼花，立刻被强壮无比的对手压在身下难以动弹。"噗"的一声，巴氏剑齿虎口中的两颗长牙咬开了它的喉咙，其生命随着汩汩流出的鲜血而终结了。巴氏剑齿虎回到灌木丛中几口吃掉了最后一只幼崽，拖着大后猫母亲的尸体向巢穴走去。

》》》

大众眼中的"剑齿虎"和科学意义上的剑齿虎并非一回事。严格来讲，除猫科剑齿虎亚科的成员外，具备类似长犬齿的假剑齿虎类以及有袋类中的袋剑齿虎都不算真正的剑齿虎。而更狭义的"剑齿虎"概念则仅指剑齿虎属的几个种，它们曾因剑齿较短而被称为短剑剑齿虎，后简称为剑齿虎。

3 000万年前，已知的最早猫科成员原小熊猫出现在欧洲。又过了1000万年，最早的剑齿虎类从所有猫科动物的最后共同祖先假猫中分离出来，称副剑齿虎。不过，剑齿虎家族的第一批重量级成员还是1500万年前开始出现的剑齿虎。

剑齿虎曾在亚欧大陆、非洲和北美洲广泛分布，种类繁多，不过一般可分为原始型与进步型两类。原始型的主要代表是发现于欧洲、非洲中新世地层的阿芬剑齿虎，进步型的主要代表是非洲和亚洲的巨额虎，以及北美洲的科罗拉多剑齿虎。

由于生活环境多样，各种剑齿虎的体态和习性也有所不同。对剑齿猫科动物颇有研究的哥伦比亚大学教授阿兰·特纳曾撰文指出，非洲的巨额虎应该具有类似现生狮子的褐色外表，以适应晚中新世非洲大陆的草原环境和季风性气候。同时它们可能生活在群体中，以保证有能力捕到各种大型猎物，并击退其他竞争对手的挑衅。欧洲的巨额虎则主要生活在森林或灌木丛中，可能像豹子一样独自捕食，会爬树，且会有带斑点或条纹的较厚皮毛。亚洲和北美洲的晚期剑齿虎种类则有更加细长的四肢，显示其拥有较强的奔跑能力，可能是伏击和追猎的好手。

剑齿虎的头骨较长较窄，眼睛也不像狮虎那样大如铜铃。其剑齿是相对短粗、边缘带锯齿的"弯刀牙"，但长度仍远超所有现生猫科动物，可达10至13厘米。和其他猫科动物一样，它们在用餐的时候很可能是从嘴的一侧进食，用侧面的裂齿进行撕咬，这样过长的剑齿就不会造成妨碍了。不过作为早期的剑齿虎类，其牙齿构造还保留了一些较原始的特征。此外，它们的下颌延伸出了用于保护剑齿的颏叶，但没有此前假剑齿虎科动物的那么大，有助于减轻头部重量。

科学家们分析，剑齿虎的捕食方法可能既不同于现代的猫科猛兽，也不同于巴博剑齿虎、刃齿虎等长有细长"马刀牙"的剑齿动物。虽然目前已证明其剑齿在深深插入其骨骼、血肉中时容易损坏或卡住，但它们可以在短途追击后用肉搏手段制服对手，最后才使用剑齿：先用前肢扑倒猎物，当其挣扎渐弱时，即以剑齿刺开对方喉咙或其他血管丰富的部位，以快速结果其性命。而当对付大型猎物时，它们也能用相对结实的短剑齿撕破其腹部和腿部的皮肉，使其站立不稳或流血不止，尤其是群猎情况下效果更佳。不过，剑齿的使用方式历来是古哺乳动物研究中最热门、也最有争议的话题之一，以上只是目前的主流观点。

剑齿虎是历史上最成功的剑齿虎亚科成员，甚至是最成功的猫科动物之一。它们在早中新世时剑齿"前辈"假剑齿虎类衰落的情况下兴起，并将最后的假剑齿虎类挤向灭亡；而此后又顶住了来自剑齿同族和其他食肉类的一次次挑战，直到200万年前的早更新世才最后消失。故人称剑齿虎是史前食肉兽中的一代天骄。

剑齿象

古兽档案

中文名称：剑齿象
拉丁文名：*Stegodon*
生存年代：上新世—更新世
生物学分类：长鼻目
主要化石产地：亚洲、非洲
体形特征：平均身长6.0~8.0米，身高3.0~4.0米，小型种类约为平均值的1/3
食　　性：植食性
释　　义：脊形的牙齿（象）

>>>

　　午后阴云密布，整片森林沉浸在湿热的空气中，就连身躯庞大的剑齿象也受不了了。它们沿着自己踏出的小径走了几千米，来到树木环绕的大湖边。先在凉爽的湖水中洗澡，再在泥滩上打几个滚，这对剑齿象来说是最好的消暑祛虫妙方了。小象在浅水中打着滚，成年象则纷纷走到大树下采集嫩叶果腹。突然一个炸雷劈在旁边的大树上，树带着火和烟轰然倒下。剑齿象们惊恐地举起鼻子、张开耳朵，向前面的林间空地跑去，突然前面的几头象跌进

了一道垂直的地裂中。在横七竖八的腐败枝条下，这条深沟千百年来已吞噬了不知多少失足的动物，这几头巨兽不过是新的受害者而已……

>>>

在更新世时期，中国南方最有名的史前动物就是大熊猫、中国犀和剑齿象，以它们为主角构成的动物群就是我们经常说的大熊猫—剑齿象动物群。

剑齿象和猛犸象、亚洲象、非洲象等同样属于进步的真象科，但是它们属于其中的剑齿象亚科的则很早就走上了自己独特的进化道路。它们最早出现在上新世，在晚上新世、早更新世期间达到鼎盛，随后逐渐衰落，多数种类在晚更新世就已经灭绝了。

剑齿象虽在亚洲、非洲都有分布，但非洲的化石材料特别少，而且并不确定，所以仍然有人认为它们是亚洲的特产动物。它们的头骨稍显原始，作为"象牙"的上门齿又长又直，只在末端略微向上抬起。剑齿象身躯健壮，前腿长于后腿，一些大型剑齿象身高可以达到4米，而小型种类可能还没有一头牛大，这主要是它们后期分化的结果。剑齿象虽身躯庞大，却仍属于森林生活的象类，它们好几米长的象牙貌似不便在林中活动，但这并没阻碍它们的繁衍生息。

化石显示，印度尼西亚弗洛雷斯岛上的剑齿象可能是世界上最后的剑齿象，它们约在8000年前才销声匿迹。大陆上的剑齿象则通常体型较大，多数身长在6米左右，肩高超过3米，略大于现代亚洲象。为安放巨大的门齿，它们在头骨上有一条很长的凹槽，这是一个重要特征。虽然它们的牙齿比现代象类原始，但也体现出许多类似的进步性，尤其是后期剑齿象的齿冠高度、褶皱和白垩质都不断增加，使它们能适应更多的食物。这些臼齿上长有一条条的脊，其学名也是由此而来，而不是因为它们的大象牙直长如剑。

剑齿象中的东方剑齿象曾经在东亚地区取得极大的成功，一度成为中国南方的绝对优势象类。而印度、尼泊尔地区的印萨剑齿象、中国北方的师氏剑齿象也都是很著名的大型种类。

除了这些大型剑齿象，在日本和印度尼西亚还生活过一些体形较小的剑齿象，肩高普遍不过1.5米左右。在地中海的一些欧洲岛屿上，也曾发现过其他象类的小型种，封闭狭小的生存环境导致它们趋于小型化。虽然在身材、外貌上岛屿剑齿象和大陆上的差异很大，但它们的头骨和门齿仍然是典型的剑齿象类型。在中更新世时期印度尼西亚的海岛上也生存过一些体型比较大的剑齿象，但它们很快就被小个子的同族取代了。

在亚洲大地上繁衍了200多万年的剑齿象已经不复存在。今天在天津自然博物馆的古生物展区，仍然站立着一头魁伟的剑齿象。它虽然已经死去多年，却仍然展示着一个曾征服亚洲森林的象类家族曾如何辉煌……

箭齿兽

古兽档案

中 文 名 称：箭齿兽
拉 丁 文 名：*Toxodon*
生 存 年 代：晚上新世—晚更新世
生物学分类：南方有蹄目
主要化石产地：南美洲
体 形 特 征：身长2.7~3.0米
食　　　性：植食性
释　　　义：弓形的牙齿（兽）

>>>

　　潘帕斯草原上的太阳已一周没有露面，乌云密布的天空中偶有几道闪电划过，雨点随着震耳的雷声落下。持续降水使草原变得泥泞，让一群庞大笨拙的箭齿兽吃足了苦头。它们为躲避沼泽被迫走进了一处地势较高的河谷。这里虽没有太多积水，却是一处十足的大泥潭，浓稠的泥浆让这些巨兽的前进更为艰难，一头小箭齿兽已经深陷其中。跋涉中的它们没有意识到，滂沱大雨会造成山洪，顺着山谷冲下的洪水会把它们全部淹死。上游虽被滑坡后的泥石、树木挡住，但这道天然水坝不能坚持太长的时间，此时正在一点点地松动。

　　突然，一股水墙砸开堵住河道的石块、树木，向下游冲去。巨大的声响让几头老年箭齿兽似乎预感到了什么，它们抬起头，眯着小眼睛，希望能捕捉到丝毫的信息，但还没等它们做出反应，突然而至的山洪就填平了河谷，裹挟着一切冲向下游……

>>>

　　2万年后，一位年轻人在阿根廷的潘帕斯草原的一条河流旁边挖掘出了一些奇异的动物化石。他对这些化石感到很惊奇，把它们带到了船上。这船就是"贝格尔"号，而这位青年就是达尔文，他所发现的动物化石就是本文的主角——箭齿兽。

　　达尔文曾经对这种动物感到很惊奇，当时甚至认为它是综合了多种动物的混合体：其牙齿像啮齿类，眼睛的位置像儒艮，躯干则像犀牛或河马。其实这些构造都是紧密相关的。箭齿兽作为一类与我们熟悉的奇蹄类、偶蹄类动物完全不同的南方有蹄类动物，确实拥有一些很特殊的地方。

箭齿兽主要繁盛在300万年前至1万年前的更新世，是南方有蹄类中最后也是最庞大的成员。典型的成年箭齿兽身长3米左右，身高可以达到1.8米，是一种大型植食性动物。

箭齿兽给人的感觉类似一头奇怪的犀牛。它们的头骨几乎占了身长的1/3，显得特别厚重。其眼窝不大，视觉并不发达，很可能和现代的犀牛一样是近视眼。箭齿兽能在绝大多数南方有蹄类动物灭绝后仍然漫游在南美洲的草原上，很大程度要归功于它们的牙齿。箭齿兽的牙齿没有齿根，能终身生长，与啮齿类很相似。这些牙齿是高冠齿，起剪切作用的上门齿也很发达，下门

齿则向前方水平生长，好像一把铲子。凭借着进步的牙齿和灵活的上唇，箭齿兽能够吃食草原上比较坚硬的硬草，也不怕牙齿磨损，和其他南方有蹄类相比更胜一筹。

箭齿兽的躯干构造与以往的大型有蹄类动物很相似，有桶状的身躯和发达的脊椎。其躯干结实有力，庞大的体腔是为了能更好地消化草料。

箭齿兽另外一个进步的地方是它们的大腿比小腿长，非常适合支撑沉重的身体，但不适合快速奔跑。不过即使如此，一般的肉食性动物也不会轻易招惹它，毕竟这些动物实在太大了。

作为一个在南美洲土生土长的家族中的最后代表，箭齿兽的传奇延续到晚更新世方才结束，从此退出生物进化的舞台。箭齿兽这支曾缓步前行了几千万年的血脉，最终还是消失在巍峨的安第斯山脉脚下。

焦兽

古兽档案

中 文 名 称：焦兽
拉 丁 文 名：*Pyrotherium*
生 存 年 代：渐新世
生物学分类：焦兽目
主要化石产地：南美洲
体 形 特 征：身长约3.0米
食　　　性：植食性
释　　　义：火中的野兽

>>>

　　渐新世时的南美洲，能威胁到成年焦兽的动物实在太少了。这些巨兽就和大象一样成群在原野上横冲直撞，肆无忌惮地去它们想去的任何地方，吃它们想吃的任何食物。今天这群焦兽碰上了一群南美袋犬，不过它们可不把这些矮小笨拙的食肉兽放在眼里。袋犬以为焦兽是来抢夺猎物的，自然要奋起反击了。焦兽并不理会这些喧闹的小东西，它们抬起头，用丰厚的肉唇把低处的树枝扯断，吃掉上面的树叶，几头小焦兽则忙着在大焦兽身边捡食掉落的叶子。袋犬无法容忍焦兽的无礼，它们冲上前撕咬小焦兽的脚。小焦兽惊慌的叫声惹恼了旁边的几头成年焦兽，这些重达2吨的巨兽相当爱护幼崽，它们怒吼着冲了上去。袋犬很快就狼狈逃开了，两只慢点的袋犬被焦兽当场踩死，而几乎毫发无伤的小焦兽在母亲的安抚下很快回到了群体中。这群巨兽慢慢离开了这里，它们留下的除了满目折损的树枝，还有两具袋犬的尸体……

》》》

南美洲曾生活过一些身材健硕、样貌奇怪的巨型南方有蹄类。这些动物似乎都是突然出现又突然灭绝的，到现在人类对它们的演化都是一头雾水。这其中就包括奇怪的焦兽。它们因化石最初发现于火山灰中而得名，只产于南美洲。

从化石中人们了解到，焦兽的头颅非常粗壮，有60厘米长，估计成年个体身长可超过3米。在其上颌两侧各有2颗上门齿增大突出并形成长牙，同时鼻孔高度退缩到了眼睛后面，这说明它们很可能也拥有一条象类那样的长鼻。然而最近的研究认为，它们的鼻子可能较短，更像貘的鼻子。它们的颊齿很大，却并不耐磨损，形态也很接近早期象类。正因为上述特征，科学家起初曾把它视为和长鼻类有亲密关系的一种动物，后来才意识到它们处于完全不同的演化道路。

很多人认为焦兽是在森林边缘或稀树草原生活的动物。它们形态特殊的门齿像切刀一样，在长鼻配合下能轻松扯下植物的叶子，另外其牙齿磨损不多，说明它们主要咀嚼柔软的树叶而不是较硬的草。同时，焦兽拥有短粗的身躯和四肢。有人认为它们可能像现在的非洲象一样漫游在南美洲当时的稀树草原上，旱季则迁徙到森林茂密的地方生活。也有观点称它们的体态更适合在河流湖泊周围活动，习性可能接近河马。

与同时期南美洲的其他大型南方有蹄类相比，焦兽的化石比较少见，几乎没什么完整化石。有人认为这说明它们生活在一种比较特殊、不易形成化石的生态环境中，如茂盛的雨林或特别开阔的平原。也有人认为焦兽可能处于一种较边缘的生态区位，原本数量就不多。

焦兽虽然是大块头，但它们类似象牙的门齿从形态、位置来看并不适合当作自卫的武器，鼻子也较短且形态原始，不如真正象鼻在自卫中起的作用大。同时其原始的大脑和笨重的身体、缓慢的步伐也决定了它们应是一种迟钝的动物，只能凭借庞大身躯本身来抵抗侵害。好在南美洲当时的各种食肉动物在个头上比焦兽差得太多，最多只能对付一些老幼病残，很难威胁到健壮的成年焦兽。

焦兽大约在渐新世后期就灭绝了，原因至今尚不清楚。有一种论调认为，渐新世结束时期气候更加干燥，其他大陆上许多大型动物如巨犀等都被淘汰了，南美洲恐怕也不能例外。当时南美洲草原上的树木、灌木逐渐减少，而以这些为生的焦兽并没能跟随环境的改变，在身体结构上做出适时的调整，理所当然的，这种南美洲本土的"大象"就逐渐消亡了。

郊熊

古兽档案

中文名称: 郊熊

拉丁文名: *Agriotherium*

生存年代: 晚中新世—早更新世

生物学分类: 食肉目

主要化石产地: 亚欧大陆、非洲、美洲

体形特征: 身长>2.0米（非洲郊熊）

食　　性: 杂食性

释　　义: 郊外的兽

>>>

　　500万年前，早上新世的南非仍然处于气候持续转为干冷的趋势中，大片茂密森林逐步被低矮灌木丛或稀树草原所取代。一队古长颈鹿正蹒跚而来，两位它们的近亲——西瓦兽晃动着巨大的角饰，尾随在它们后面。古长颈鹿们知道前面的河谷附近有残留的大片树林，这个季节树梢的嫩芽正是它们的最爱。但紧张的情绪也开始在它们当中蔓延，不远处土丘后传来的鬣狗的尖叫声也提醒着它们，昨天同伴惨遭横死的地方到了。

　　古长颈鹿们清楚，那些正舔食着尸骨上最后一丝肉屑的棕鬣狗并不足惧，令它们紧张的魔魇另有其物。在当时的南非，能够威胁成年古长颈鹿和西瓦兽的大型食肉动物不多，它们的恐惧主要来自一种巨型猛兽——非洲郊熊。不过，眼下这头像北极熊一样大的公郊熊只是四脚朝天仰卧在草丛中，无忧无虑地沉入了梦乡，腹内还在继续消化着昨天捕到的美餐……

>>>

　　非洲郊熊是郊熊类的一种，成年者身长2米以上，体形壮硕。据推测，成年雄郊熊体重可达750千克。

　　比起后来的熊属动物，郊熊类头骨的吻部显得稍长，以至于头部像狗多过像熊。它们的牙齿构造已经接近现代熊类，说明它们已开始有了一定的杂食行为，虽然可能植物在其食谱中比例还是很小。它们的四肢修长有力（不过比起后世美洲的短面熊类还嫌稍逊），显示其短距离冲刺的行动相当迅速。加上巨大前肢上利爪的力量，可能都是它们赖以生存的必杀技。

　　目前所获的化石材料显示，非洲郊熊的出现填补了大型动物猎食者的空白，它们恰逢其时地出现并占据食物链顶端位置，有力地遏制住了大型素食动物繁殖的泛滥。而整个郊熊类的演化也非常成功，其生存的时间非常长。并且除非洲外，它们的化石在欧洲西部、亚洲的南亚次大陆和中国北部也屡有发现，甚至在北美大陆，也得以广泛地分布，直到早更新世还有存在的信号。不过，在这些地方生活的郊熊远没有它们的非洲兄弟那么伟岸。

惊豹

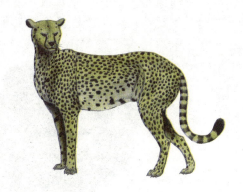

古兽档案

中 文 名 称：惊豹
拉 丁 文 名：*Miracinonyx*
生 存 年 代：上新世—晚更新世
生物学分类：食肉目
主要化石产地：美国、墨西哥
体 形 特 征：身长2.5米，身高1.3米
食　　　　性：肉食性
释　　　　义：令人惊异的猎豹

>>>

　　晚更新世的北美大平原上，一群叉角羚正在低头进餐。这些机警的动物没有注意到，草丛中惊豹正蹑手蹑脚地朝它们潜行。距离只有100米了，这只惊豹以迅雷之势瞬间蹿出，扑向一只放哨的雌羚。千钧一发之际，这只雌羚还是在起跑前尽责地发出了警报声。

　　叉角羚虽然不是真正的羚羊，但跑起来比绝大多数羚羊都快得多，耐力也极佳，还有一手迅速转向的绝技。此刻这只雌羚就在不断做着"之"字转弯，试图甩掉速度更快但转向不灵的惊豹。不过它毕竟因发警报而慢了一步，

很快被后者追上，背部被豹爪一拍，登时扑倒在地。而惊豹也已近强弩之末，疲惫地用最后一股劲咬断猎物的喉管，坐下来拼命地大口喘息。

正在这时，不知从哪冒出五匹垂涎欲滴的恐狼，一步步向它逼近。通常情况下，就算是单挑，惊豹也难以和恐狼抗衡，何况现在它已精疲力竭，以一敌五很可能自身难保。因此，恐狼们大摇大摆地走到惊豹面前。一匹大雄狼已经迫不及待，几乎要张口便咬。面对如此局面，尽管已是一周内第二次遭抢，但惊豹还是乖乖让出了猎物，无奈地走开了。

>>>

由于化石只在美国和墨西哥发现过，惊豹通常又称北美猎豹。它们其实并非真正的猎豹，与现存的非洲猎豹不同属，甚至不在同一个亚科。无论从化石结构分析，还是近年来的DNA检测，都显示它们与美洲狮的亲缘关系比猎豹更近。一般认为，惊豹与美洲狮在上新世分道扬镳，而它们与猎豹的相似之处也只是平行进化的结果。不过，目前研究者尚未找到美洲猎豹与美洲狮的共同祖先，而已有的化石也大多比较零碎。已发现的惊豹共有3种，它们之间可能是一脉相承的，但也有一些共存与竞争。

该家族最早的成员是400万年前出现的斯氏惊豹，它们比现代猎豹略大，已像后者一样具有较短的脸和增大的鼻腔，这些有助于迅速奔跑时呼吸道的扩展，为身体提供更多氧气。直到10万年前的晚更新世，它们仍在部分地区扮演着自己的角色。

几乎与美洲虎一样大的意外惊豹则在150万至100万年前的早更新世生活在北美洲。比起前辈，它们反而不太像纯粹的奔跑机器，其身体各部分的比例介于美洲狮和现生猎豹之间，四肢没有猎豹长，爪子能完全缩进爪鞘内。它们是将二者特点集于一身，跑得比美洲狮快，而比猎豹更强壮。

最晚出现的真惊豹形态与现代猎豹相仿而个头略大，体重约50千克，具有瘦长的四肢、较为短小的头、发达的胸廓和柔韧的躯干。它们比其他2种的骨骼结构更为轻巧，尤其是脚爪只能部分伸缩，有助于在奔跑时抓地（这也是现生猎豹不同于其他猫科动物的一大特点）。有关它的最后化石记录在1.27万年前，也就是上一次冰河期行将结束的时候。

实际上，惊豹目前仍是新大陆最神秘的冰河期猫科猛兽之一，古生物学家从现有化石碎片中很难得到更多的信息。目前还没有证据表明，它们是否会像现生猎豹一样经常结小群活动，以抵抗其他猛兽的巧取豪夺。总之，人们还在期待更激动人心的发现。

锯齿虎

古兽档案

中 文 名 称：锯齿虎
拉 丁 文 名：*Homotherium*
生 存 年 代：晚上新世—晚更新世
生物学分类：食肉目
主要化石产地：亚欧大陆、非洲、北美洲
体 形 特 征：身长1.7~2.0米，肩高1.0~1.1米
食　　　性：肉食性
释　　　义：像剑齿虎一样的野兽

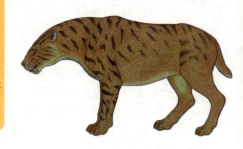

>>>

　　北美冰川边缘的山脚下，七只晚锯齿虎离开栖身的巢穴，在晨风中开始了新的征程。它们在溪流边发现了一群真猛犸象，这些巨兽正享受着温暖的阳光和肥美的嫩草，对逐渐接近的晚锯齿虎队伍毫无察觉。

　　一头两岁的小猛犸象可能是太贪玩了，不觉间离象群越来越远，马上要进入埋伏圈。这时随着头虎的一声低吼，众虎如闪电般纷纷跃出。两只雌锯齿虎率先扑到小猛犸象背后，用带有锯齿的犬牙狠狠咬破了它的厚皮，另两只则对其腹部一阵猛咬。两只雄虎则奋力用前腿压住小猛犸象的头，不让它动弹。小猛犸象很快遍体鳞伤、血流如注并颓然倒地，头虎上前一口用剑齿咬断了它的喉咙。也就在这时，悲愤的猛犸象母亲冲过来赶开了锯齿虎群，

和上前的其他几头雌猛犸象一起用长鼻抚摸着死去的孩子，巨大身躯中发出低沉的哀鸣。锯齿虎们识相地躲在一旁，它们知道象群几小时后就会走开，那时它们就可以共同把1吨多重的小猛犸象拖回巢穴中。

>>>

约300万年前，昔日威风八面的剑齿虎演化出了一些与自己在形态上很相似的新类型，故得名"似剑齿虎"。但它们毕竟是自成一类的动物，因此现在国内学界根据其边缘带锯齿的犬牙改译为锯齿虎。

锯齿虎种类很多，形态上也有明显的差别，可能是由不同种的剑齿虎进化而来，其体形普遍小于前辈剑齿虎。究其原因，可能是由于在它们生活的年代已没有太多的大型食草类，而且更新世又出现了洞狮、拟狮、短面熊等更强大的猛兽，锯齿虎没有了进一步大型化的空间。虽然它们曾广泛分布在亚欧大陆、非洲和北美洲，但已发现的化石数量相对来说却不多，说明它们当时可能就是较为稀少的动物。

在身体结构上，锯齿虎像是好几种食肉动物的混合体：前腿长、后腿短，形成鬣狗般的倾斜体态；脚部的一些结构与熊类似；骨骼较细较轻、四肢修长、足部扁平、后脚的爪子不能伸缩，头骨较短且具有宽阔的鼻腔（有利于一次吸进大量空气），都与猎豹有几分接近；而比现生猫科动物更长的犬牙和颈部则显示着剑齿一族的身份。

总体而言，锯齿虎是剑齿虎亚科中身材最"苗条"的，甚至比现代的狮虎还要纤细些。虽然过短的后腿和尾巴不利快跑，但它们很可能拥有同族中最高的速度和敏捷性，甚至像猎豹那样善于短途追击。此外，对其头骨的分析表明它们有发达的视觉中心，其视力更适应白天而不是夜晚，也和猎豹相同。

锯齿虎在食谱上继承了本家族的习惯。它们短而侧扁、具有锯齿状边缘的剑齿如同两把牛排餐刀，能扯裂犀、象等厚达数厘米、连狮虎都无能为力的皮肤。不仅如此，锯齿虎的双颌也十分强劲，还有长而有力的脖颈，使被咬住的猎物难以挣扎、逃脱。

由于锯齿虎大都分布在当时较为寒冷的地区，科学家推测它们可能长有较厚的皮毛。既然现代的寒带食肉兽大都皮毛华丽，锯齿虎活着时可能也是非常漂亮的动物，而不像化石骨架显示的那样"四不像"。

在非洲和亚欧大陆，锯齿虎分别在150万年前和40万至20万年前趋于消亡（西欧最晚的化石记录直到2.8万年前），其衰落的时间几乎恰好与直立人的扩散和石器打制技术的进步相吻合。这一时期的各种直立人、早期智人已学会了用火和制造更发达的工具，开始凭借他们的勇敢智慧成为空前优秀的掠食者，而大型食草动物和以之为食的锯齿虎在这种冲击下最容易遭受灭顶之灾。在人类很晚才踏足的北美洲，晚锯齿虎一直坚持到了1.4万年前的冰河期结束，其灭绝原因很可能是环境因素大于人为因素。

巨颏虎

古兽档案

中 文 名 称：巨颏虎
拉 丁 文 名：*Megantereon*
生 存 年 代：早上新世—中更新世
生物学分类：食肉目
主要化石产地：非洲、亚欧大陆、北美洲
体 形 特 征：身长1.0~1.3米
食　　　性：肉食性
释　　　义：巨大的颏叶（虎）

>>>

　　夜色深沉，山脚下的洞穴里飘出阵阵烟雾，风中弥漫着淡淡的烤肉香气。一群中国直立人（旧称北京猿人）刚刚享用过了一顿难得的烤大角鹿盛宴，横七竖八地在洞穴深处躺倒，只在洞口点着一堆篝火。他们不知道，此时一只意外巨颏虎被香味所吸引，悄无声息地摸到了洞口。它是巨颏虎中的最后成员，只有豹子般大小，两颗超过10厘米长的剑齿露出嘴外。几天前，山下的草原被一把雷火烧得空空荡荡，这只巨颏虎虽然幸免于难，但附近的食草动物大都跑

光了。大约半小时后，洞内传来阵阵鼾声，直立人们看来都已睡去。

作为草原之子，巨额虎对火并不是很害怕，但它还是小心翼翼地绕过火堆，一步步接近洞穴角落里尚未吃完的动物尸体。它刚咬起一条鹿腿，几个睡得较轻的直立人就惊醒了，并喊起了其他人。暗淡的火光下，数量占优势的直立人们却大多惊恐万分，其远祖长久以来对黑夜和猫科猛兽的畏惧还留在他们心中，即便他们已学会了打造石器、驯服火焰。终于，一个胆大的男人跑到火堆旁，抽出一根燃烧的树枝向巨额虎扔去，接着又是第二根、第三根，其他直立人也纷纷捡起石块砸向巨额虎。巨额虎无法抵抗这等阵势，只好丢下鹿腿，咆哮着夺路而逃……

>>>

巨额虎属于猫科中的剑齿虎亚科，是剑齿虎中最早被研究的类型。1824年，法国古生物学泰斗居维叶根据一些上犬齿化石为其定名，当时还以为是某种熊类。过去曾将其译为"巨剑齿虎"，但它们其实是剑齿家族中的小个子，只是头和剑齿与身体相比显得很大，因此现在的名称巨额虎更为名副其实。

巨额虎一般和豹子差不多大，它们和其他大多数剑齿虎一样身材低矮粗壮，脖子较长，前肢发达，能用蛮力制服体形较大的猎物。与始剑齿虎、巴博剑齿虎等假剑齿虎类相似，巨额虎的上犬齿呈扁长弯曲的马刀状，前后有光滑锐利的边缘。此外，它们的下颌骨也像假剑齿虎类一样形成突出的护叶（额叶）以保护剑齿，只是没有那么显著。

巨额虎是一类非常成功的剑齿猫科动物，其祖先可能是中新世的副剑齿虎。它们最早出现在大约600万年前的早上新世，然后很快从地中海沿岸挺进到了亚欧大陆、非洲和北美洲的广大地区，北京周口店发现的意外巨额虎一直坚持到了几十万年前的中更新世。

在欧洲，巨额虎是冰河期动物群中有代表性的一员；在中国，泥河湾巨额虎和蓝田巨额虎曾与当时的直立人进行过无数次的斗争；在非洲，尽管先后遭遇比自己更强大的剑齿虎、恐猫和锯齿虎，但它们仍在这块竞争激烈的大陆上繁衍了数百万年；进入美洲的一支刀齿巨额虎更是如鱼得水，此后演化出了剑齿虎家族的骄傲——史前猫科动物中最强大也最著名的刃齿虎。不过，目前只在法国发现了它们的完整化石，其他地方多以破碎的头骨、牙齿为主。

在巨额虎生活的大部分年代，原始人类无论智力还是体力都难以对付凶悍的大型猫科动物，因此很多学者认为它们不但不会害怕原始人类，甚至可能还是不折不扣的食人兽。等到人类开始学会打造石器和用火之后，加上当时食草类动物数量的减少，这些昔日耀武扬威的家伙也就没有了生存空间，终于走向灭亡。

巨鬣狗

古兽档案

中 文 名 称：巨鬣狗
拉 丁 文 名：*Dinocrocuta gigantea*
生 存 年 代：晚中新世
生物学分类：食肉目
主要化石产地：中国
体 形 特 征：身长2.4~3.0米，肩高1.5~1.7米
食　　　性：肉食性
释　　　义：巨大的令人恐惧的鬣狗

>>>

　　湖边上，一群无鼻角犀正在休息，几只巨鬣狗趴在树下看着它们。其中一只巨鬣狗起身向犀牛走去，其他的也相继站了起来，懒散地慢慢靠近。但犀群对此并不在意，因为它们已在这群无鼻角犀周围活动了好几天，却从未做出过挑衅，犀群也就逐渐放松了对它们的警惕。然而这一次，巨鬣狗开始

攻击了，它们公然朝无鼻角犀群咆哮着，还不时冲进犀群乱咬。犀牛们开始还很冷静，紧密地靠在一起，但很快就被巨鬣狗冲散了。巨鬣狗不停地在其中穿插奔跑，寻找合适的目标。突然犀群边上出现一阵骚动，而当它们平息下来时巨鬣狗早已离开了。这些比今天的非洲狮还要魁伟的掠食者聚到灌木丛边停下，而一头母犀站在犀群外吼叫着，它的孩子就在刚才的混乱中被巨鬣狗拖走了………

>>>

鬣狗在非洲是一类相当成功的动物，今天仍广泛分布于整个非洲和亚洲部分地区。鬣狗科成员体形相似，前腿比后腿长，头部和体形都有几分像狗。但它们实际上属于猫型亚目，和灵猫的关系很近。与现代鬣狗相比，史前鬣狗的种类相当繁多，不过大多数都只是鬣狗家族进化历史中的旁支，其中之一就是鬣狗演化史上最恐怖、最高大的成员——巨鬣狗。其实，若严格按其拉丁学名翻译，它们本该叫巨霸鬣狗，但巨鬣狗这个并不很规范的名字既然已约定俗成，也就没有更改的必要了。

巨鬣狗是古生物学家舒尔塞在1903年根据我国一些产地不明的牙齿建立的鬣狗新种。虽然学界并不怀疑这个种的有效性，但当时的化石实在太少，后来也一直没有找到更完整的材料，所以人们并不清楚它到底是一种什么样的鬣狗。直到1983年，第一块巨鬣狗头骨化石在我国甘肃和政的新庄乡出土，学界才发现它们代表了鬣狗科中一个极为特化的分支。经研究，人们决定将其归入此前创建的霸鬣狗属。

巨鬣狗身长超过2米，肩高1米以上，而体重根据国内学者推测应在200到240千克，最大的可能有300千克。无论是大小还是体重，它们都超过现代除熊类之外的所有陆地猛兽。它们的头骨尤为硕大，可达40厘米，颊齿也更加大而粗壮。

巨鬣狗的牙齿和肌肉异常发达，但作为增大身躯的代价，其速度和敏捷性必然会下降。那么身材略显笨拙的巨鬣狗的生活习性又如何呢？有学者认为，它们过于笨重，不适合长时间追逐，所以可能仗着身大力猛而抢夺尸体或其他食肉兽口中的猎物。

然而在现存的大型猛兽中，虽然很多都有抢夺较小食肉动物的行为，但并没有纯粹以此为生的物种，因此巨鬣狗不太可能是依靠抢夺过活的动物。此外，最近发现的巨鬣狗肢骨化石显示，它们的身躯、四肢与现代鬣狗相比只是更大些，而在比例上相差不多，说明巨鬣狗可能并不笨重。

晚中新世结束时，巨鬣狗家族也走到了发展的尽头，脚步渐远，最后消失在广袤的红土层中……

巨颅兽

古兽档案

中 文 名 称：巨颅兽
拉 丁 文 名：*Hadrocodium*
生 存 年 代：早侏罗世
生物学分类：哺乳动物
主要化石产地：中国
体 形 特 征：身长32毫米
食　　　性：肉食性
释　　　义：大头的兽类

　　早侏罗世的云南对我们来说完完全全是一个陌生的世界。此时还没有今天常见的花花草草，只有费尔干杉、银杏、芦木、桫椤、苏铁这些粗壮高大的裸子植物，地面则覆盖着低矮的蕨类。空气中传来的不是叽叽喳喳的鸟鸣，而是粗重沉厚的恐龙吼叫。炎热的白天很快过去，夜晚再次降临。森林里充满了奇怪的声音，一只毛茸茸的小动物从银杏叶下面钻出来，它的整个身体

只有一颗粉笔头那么大，脑袋却占了1/3以上，酷似一个滑稽的大头娃娃，怪不得被命名为"巨颅兽"。它的样子有点儿像家鼠，但鼻子略长些、嘴也尖一点。前方有一只甲虫幼虫正在蠕动，其白胖的身躯对这只巨颅兽而言就是一顿美味佳肴。巨颅兽跑上前去，轻轻一跃，尖利的牙齿顿时埋入幼虫背部，开始准备狼吞虎咽。幼虫还活着，却无法逃脱厄运。虽然幼虫比巨颅兽小不了多少，但这可不是巨颅兽今天的唯一一餐，如果食物丰富，巨颅兽甚至一天能吃下相当于自己体重三倍的食物，真是一个名副其实的"大肚汉"。

>>>

1985年，当时还是古脊椎所研究生的吴肖春在云南禄丰盆地发现了一件化石标本。因为标本实在太小，很久都不能将覆盖着沉积物的化石暴露出来，研究人员也推测它不过是一块骨头碎片的化石。直到1992年，一些中外学者开始重新研究这件化石，并请哈佛大学的技师对其进行修理。到了1994年，人们终于知道这件头骨化石代表着一种新的哺乳动物，此后又用了几年时间对其进行详细的研究。2001年，研究小组终于在《科学》杂志上发表论文，将这种动物命名为吴氏巨颅兽，种名"吴氏"赠与发现者吴肖春博士。

巨颅兽长得像一只具有长口鼻的小老鼠，生活习性类似今天的地鼠，但却小得多。它的体重只有2克，从头到尾全长仅32毫米，其中脑袋就占了12毫米。它纤小的身躯显示它可能以捕食非常小的昆虫来维生，而异常大的脑部和纤小身躯暗示它的新陈代谢非常迅速，必须不断进食。为了躲避恐龙的袭击，巨颅兽有着比恐龙好得多的视力，而且很可能是昼伏夜出。

与同时期的其他中生代哺乳类动物相比，巨颅兽在身体结构上更接近现代的哺乳动物，其中最突出的是具有现代哺乳类动物才拥有的中耳。现代哺乳类的中耳有3块听小骨，使哺乳动物的听觉功能得到了前所未有的提高。在巨颅兽发现之前，中耳具有3块听小骨的哺乳动物只发现于大约1.5亿年前的晚侏罗世地层中，而这项发现使这类哺乳动物的历史向前推进到更早的早侏罗世，从而改写了哺乳动物的早期历史。

巨颅兽在哺乳动物进化树上占据了一个非常有趣、非常关键的位置。现代哺乳动物分为三大类：单孔类、有袋类和有胎盘类（真兽类）。巨颅兽却不属于这三大类之一，很可能是现代哺乳动物的姐妹群。作为现代哺乳动物确认无误的最近的亲戚，巨颅兽为科学家了解哺乳动物的初期阶段进化过程提供了独特的信息。不过，要完全解决以前知之甚少的哺乳动物早期演化史问题，只能寄希望于新化石材料的发现和更深入的工作。

巨貘

古兽档案

中文名称：巨貘
拉丁文名：*Megatapirus*
生存年代：中更新世—早全新世
生物学分类：奇蹄目
主要化石产地：中国华南（最北可达陕西）、中南半岛
体形特征：身长3.5~4.0米，肩高约2.0米
食　　性：植食性
释　　义：巨大的貘

〉〉〉

　　更新世的中国广西，气候温暖，树木繁茂，放眼望去，一片郁郁葱葱的景象。午后的森林略显燥热，一头巨貘慢慢地拨开芭蕉叶走了出来，它一边嚼着决明子的叶子，一边向山地间的河谷走去。

　　一群鹿匆匆地在河边停留了一下，就跑到了对岸的山坡上，水边只有几只鹭鸟还在安静地站着，看着水里的游鱼。巨貘缓缓地走下山坡，河边很清净，巨貘低头饮了几口水，突然猛地抬起头，眯着小眼晃着鼻子努力在空气中嗅了嗅，然后就匆忙消失在对岸的森林里……

>>>

貘科动物是现存奇蹄类动物中最原始的类型，仍然保持前肢4趾、后肢3趾等原始特征。现存的4种貘主要分布在东南亚和拉丁美洲，而史前貘的分布更广，曾生活在除澳大利亚和南极之外的所有大陆上。尽管在多数时间里貘类都是体形较小的动物，但进入更新世后这个家族却出现了一个巨大的种类——巨貘。

巨貘的面部稍短，总体和现代貘外貌差别不大，肩高一般可达2米左右，身长约3.5至4米，至少比现代貘类大一倍。它们在我国的生态区位很可能相当于河马，这也可以解释为什么在我国南方后期没有可靠的河马化石记录。因为在上新世到更新世期间，在与我国相邻的尼泊尔、巴基斯坦、印度等地的动物群中，都有河马的存在，而我国却没有丝毫可靠的化石记录，这显然与喜马拉雅山的阻隔有关系。

巨貘主要分布在中更新世到早全新世的中国华南广大地区，分布最北可以达到陕西，国外主要分布在中南半岛，在印度尼西亚可能也有分布。根据我国发现的貘类化石，从中国貘到华南巨貘的牙齿增大存在着较为完整的化石证据。并且华南巨貘的牙齿大小随着时间推移仍然在增加当中，根据对后期貘类演化趋势和中国貘演化为巨貘的过程看，华南巨貘的身体也应该是不断增大的。

现在多数学者认为，巨貘类发祥于中国本土，而且是"国产"中国貘的直接后裔，同时也是貘类在东亚的最后代表之一和进化顶峰。在早更新世时期，我国分布的主要就是中国貘，主要分布在我国长江流域和广西、云南等地。到了中更新世，中国貘基本消失，我国境内主要剩下华南巨貘一种。但对于作为华南巨貘祖先的中国貘却还存在争议。因为从化石上看，中国貘和马来貘没有明显的区别，牙齿稍微大于马来貘，但又和印度尼西亚的亚化石马来貘区别不大。因此国外许多学者认为中国貘就是马来貘，或者是马来貘的一个亚种，并且据此提出了巨貘东南亚起源说。但我国学者则更倾向认为中国貘是一种独立的貘。

值得指出的是，我国有几个地区发现了巨貘的亚化石（未完全石化的遗骨），这证明体形庞大的巨貘至少有相当一部分进入了全新世。

在整个更新世期间，貘类呈现减少趋势，而在我国虽说种类单调，数量和分布却逐渐扩大。直到冰河期即将结束时，我国的巨貘分布锐减，在更新世、全新世交替之间突然衰败并很快灭绝。人们对其原因至今尚不了解，但单纯的归咎于气候、环境的变化显然不妥。这个问题还有待研究。

巨儒艮

古兽档案

中 文 名 称：巨儒艮
拉 丁 文 名：*Hydrodamalis gigas*
生 存 年 代：更新世—全新世（1768年）
生物学分类：海牛目
主要化石产地：日本、俄罗斯、美国
体 形 特 征：身长7.0~9.0米
食　　　性：植食性
释　　　义：巨大的儒艮

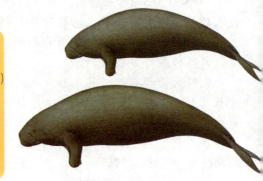

▲此图为一雌一雄巨儒艮

》》》

　　进入冬季已经6周了，寒流一波波地袭来，冬季对于身躯庞大的巨儒艮来说无疑是一个很难熬的季节，它们赖以维生的海带和海藻几乎都不见了踪影。这些巨兽的脊椎和肋骨都很清晰，可见它们已经消瘦到什么程度。它们喜欢集成大群凑到一起，消耗囤积的脂肪来度过寒冬。

　　在开阔的海湾里，这些巨儒艮相互依偎着，沉重的呼吸声充斥着海湾。一只被挤到外围的雌兽发出焦急的呼唤，它和配偶被其他巨儒艮挤散了。很快儒艮群里面就传来雄兽的回答，雌兽奋力向里面挤去，它没有留意到它的身边漂过一些散碎的木头，其中一块木头上面的铜牌写着"白令探险队"……

>>>

1741年6月，一支探险队离开了彼得斯堡，开始寻找从堪察加到北美洲的航线。就在他们完成了横跨北太平洋的航程而返航时，船只遇难了。这对于探险队的队长丹麦人维图士·白令来说绝对不是个好消息，他的探险队遭遇船难，他和很多同伴在漂流到白令岛上后都不幸死去。其他人登上科曼多尔群岛后，发现许多像鲸一样的大型动物都聚集在浅水的海湾入口处，这些动物就是巨儒艮。白令探险队中的一位幸存者——德国博物学家斯泰勒记录了许多巨儒艮的宝贵资料，而这些资料成了唯一的一份观察记录。

他曾这样描述："这些巨儒艮在海湾一起生活，没有产崽的母兽往往和雄兽成对地在一起生活。它们每天除了进食什么也不做。它们在缓慢移动的同时像陆地动物一样大口咀嚼食物。这些巨兽用它们的前肢一边撕扯着海藻一边咀嚼。每当退潮时，它们就会游离港湾……但在涨潮后它们又会重新回到这里。巨儒艮之间的关系很密切，经常集成很大的群体，我们甚至可以用竿子碰到它们。它们对人类并不感到恐惧，在群体中，它们又喜欢成对地在一起。如果一只被捕捉到岸上，另外一只就会不停地呼唤配偶，并且在四周徘徊，不肯轻易离开……它们的繁殖季节一般是在6月……雌兽往往会在雄兽前面缓慢地绕圈子，一起游动。当它们厌倦后，雌兽会侧身躺在雄兽前，完成交配。"

从儒艮与海牛的演化历史来说，巨儒艮是最后的巨型海牛类动物。在大约2万年前，它们曾广泛分布在北太平洋沿岸，从日本一直到美国加利福尼亚州的蒙特尔湾。而在更新世结束后，绝大多数的巨儒艮都灭绝了，只有一小群巨儒艮生活在白令海的白令岛、科曼多尔群岛海域。

巨儒艮的身材较长，头骨硕大，没有牙齿却能依靠上唇和角质化了的牙床吃食海带等植物。巨儒艮拥有一身粗厚多褶的皮肤。它们的前肢大约有60厘米长，并没有手掌部分的骨骼，后肢则完全退化。它们喜欢用胡须来感觉身边的事物和同类。

巨儒艮喜欢群居，但繁殖能力很差，一胎一崽，无论是怀孕还是养育幼兽，都需要较长的时间。人们最初发现时，巨儒艮的数量就不多，大约只有2 000头。捕猎海獭、海狗等动物的毛皮猎人一直在捕捉巨儒艮，以它们的肉为食，用它们的皮修理船只。面对人们疯狂的猎杀，温顺的巨儒艮没有丝毫的反击力量。直至1768年，最后一只巨儒艮也被屠杀后，这场变态的暴行才告终止。海牛家族里最大的成员巨儒艮，从被人们发现到灭绝，仅仅用了27年的时间。

这些有史以来最大的海牛类动物已经消失，但它们的故事还会永远流传下去……

巨犀

古兽档案

中文名称：巨犀

拉丁文名：*Indricotherium*

生存年代：晚始新世—中新世

生物学分类：奇蹄目

主要化石产地：亚洲、欧洲东部

体形特征：身长7.0~9.0米，高5.0米

食　　性：植食性

释　　义：英卓克的野兽（国内根据其外形命名为巨犀）

>>>

　　干燥的气候让这里的植物早早就脱落了叶子，只有湖边的几片胡桃林还挂着一片片的浓绿。水位虽然已经下降很多了，但是大湖中仍然有足够的水。一头巨犀踱着小步来到了这里。为了喝水，它不得不下到湖岸下面的泥沙地上。它只喝了几口水，就被旁边的胡桃树吸引住了，走过去吃起了树冠下层的叶子。这头巨犀没有注意到脚下是松软的泥沙，这些泥沙只能支撑一些小动物，不可能支撑10多吨重的巨犀。吃光了这棵胡桃树下层的叶子后，它想起身离开，却发现四肢都已经陷入沙中。它惊慌地挣扎起来，可是越挣扎陷得越深，很快泥沙就淹没到了它的臀部。四周的灌木丛中，投机的肉食性动

物正在兴奋地呜咽着，它们被濒死的巨犀吸引来了。这头陷在泥沙中的巨犀坚持不了多久的，很快它们就能得到一顿美味大餐……

>>>

1924 年，在美国纽约自然历史博物馆组织的一次考察中，队长罗伊·查普曼·安德鲁斯及其手下在蒙古地区发现了一些珍贵的史前犀类化石。它们是一头犀牛的4条腿，这4条腿都是以直立的形态保存下来的，而且比现代大象的腿还要高大粗壮，因此声名远扬。而这件珍贵的标本就是我们本文的主角，犀牛家族中最大的成员——巨犀。

巨犀是犀牛家族里一个早期的分支，属于跑犀科中的巨犀亚科。巨犀与现代犀类不仅在系统进化上没有丝毫关系，甚至在外形上都与曾出现过的各种犀牛不一样。其他犀类无论长得如何千奇百怪，但基本上都是粗笨的身躯和矮小的四肢，鼻子上有一只或两只角，但巨犀的样子却更像一只又大又胖的长颈鹿，几乎看不出是一种犀类。巨犀的身体巨大异常，脖子和四肢都很长，但头上却没有角。

其实巨犀这个名字含义比较广泛，它可指狭义的巨犀属，也可指巨犀、副巨犀和准噶尔巨犀等所有的巨犀类动物。巨犀家族在古近纪繁衍了1700万年，而和它们相比，人们所熟悉的现代犀牛及万余年前灭绝的披毛犀等真犀类则要年轻得多。古生物学家曾根据所发现的化石建立了许多不同类别的巨犀种属，但随着研究的逐渐深入，现在认为其中的多数都可合并到巨犀、副巨犀与准噶尔巨犀三个属中。

近年来，在俄罗斯和土耳其的一些地区也出土了巨犀化石，打破了认为巨犀只生存在中南亚的旧说法。

巨犀家族里最古老也是最原始的成员应该是发现于早渐新世中国云南的小巨犀，这是一种个体很小的巨犀，体形只有后期巨犀的一半左右。而后期种类中最著名的就是发现于我国新疆吐鲁番和内蒙古地区的天山副巨犀，它们主要生活在早渐新世，身长能达到9米，肩高5米多，抬高头能吃到六七米高的植物，体重可达10到15吨，是目前已知个头最大的陆生哺乳动物。

在中、晚渐新世期间，巨犀家族进入了发展的鼎盛期，它们的足迹也遍布整个亚洲大陆，甚至一度入侵到欧洲东部地区，但是因为气候环境和地理的关系，它们并没有进入欧洲的其他地区和非洲大陆。这个时期的巨犀个头都比较大，一般都有七八米长，四五米高，各种巨犀、副巨犀都相当繁盛。

进入晚渐新世，另外一类巨犀又出现了，这就是准噶尔巨犀。它们体形较大，甚至可能比副巨犀还要大，与另外两类都有明显差别。人们现在普遍认为，巨犀家族分成两条进化路线，副巨犀是一条支系，而巨犀和准噶尔巨

巨犀骨骼装架图

犀则代表另外一条进化支系。

数十年来，人们已在巴基斯坦和中国新疆、内蒙古、甘肃等地挖掘出大量的巨犀化石，但直到现在都从未发现它们被其他动物捕杀的化石证据。对此有一种解释认为：在成年巨犀的保护下，多数小巨犀都能顺利地活到成年，它们自身漫长的繁殖周期保证了它们不会泛滥成灾。即使有少数幼年巨犀死于捕猎者的猎杀，它们的尸骨也很快会被吞噬，因此很难在化石中观察到被袭击或者被肉食性动物啃咬的证据。

的确，巨大的体形使成年巨犀没有天敌。当时诸如巨鬣齿兽、裂肉兽之类庞大而笨重的肉齿类捕食者无法威胁它们，幼巨犀又有母亲的保护而很难得手。巨犀被猎杀的可能性极低。根据那些成年巨犀化石，尤其是其中许多保存完美的标本，学界对巨犀形态的了解还是相对较多的。巨犀可能有一个很灵活的上唇来帮助进食，再加上修长的脖颈和四肢，它们能轻易吃到其他动物够不到的树叶。而4条长腿也说明巨犀应当有很强的迁徙能力，否则不可能扩散到整个亚洲大陆。

根据骨骼化石显示，雄巨犀比雌巨犀的身材要大一些，头骨也粗壮得多，许多雄巨犀头骨上还有类似长颈鹿的略微隆起，因此有人认为雄巨犀很可能也像长颈鹿一样，在求偶季节会用头颈部来回抽打对手来获得交配权，但实际上这只是巨犀的性别差异而已，雄巨犀的头部并不适合撞击对手，颈部也无法承受这样大的压力。

大约2300万年前，渐新世结束了，曾经辉煌一时的巨犀家族也走向消亡，亚洲各地再也找不到这些可与蜥脚类恐龙媲美的巨兽了。它们的灭绝可能与古地中海的逐渐消失和青藏高原的逐渐抬升有关，这两者导致巨犀生存的环境变得更加干旱，曾经遍布这里的落叶林、稀疏森林和大片的灌木丛逐渐被更开阔的草原代替了。而巨犀不仅身材高大笨重，而且牙齿是低齿冠的，只能吃树叶而无法适应地面上的青草。于是，它们很快就被中新世更善于奔跑、更适应草原生活的马类和其他犀类等较小的植食性动物取代了。

当最后一头巨犀的吼声消失在蒙古上空时，就标志着地球下一个时代开始拉开序幕。

巨猿

古兽档案

中 文 名 称：巨猿
拉 丁 文 名：*Gigantopithecus*
生 存 年 代：上新世—更新世
生物学分类：灵长类
主要化石产地：中国、印度、巴基斯坦
体 形 特 征：体重190~500千克（争议）
食　　　性：植食性
释　　　义：巨型的灵长类

　　森林深处的一块空地上，十几只步氏巨猿围成一个半圆，一老一少两只成年雄猿向半圆中心走去。它们是一对亲生父子，然而今天却不得不血肉相搏，以争夺对群中雌性的控制权。两只雄猿在距离30米时停下来坐在地上，用油桶般粗大的手臂捶打着胸膛，捶击声、吼叫声和散发出的浓烈气味震撼着整块空地。一旁观战的雌猿和幼猿也在不停地号叫、抓打，更使战场增加了几分恐怖。这时两只雄猿同时怒吼着迅速冲向对方，旋即扭打在一起，手扯、头撞、牙咬，无所不用。突然，儿子灵活地从父亲的双臂中挣扎出来，

张口狠狠咬住了它的肩膀，犬牙穿透了长毛。老雄猿自感气力不支、大势已去，只好在尖叫声中忍痛仓皇逃窜。从此，它将成为孤独乖戾的流浪者，一腔怒火随时可能撒向某个不识时务的倒霉鬼……

>>>

这是晚更新世时期湖北神农架森林中的一幕。几十万年后，人类文明的触角进入这块土地，神农架"野人"的传说也流传开来。那么，人类在这里遇到的神秘人形动物是否就是巨猿呢？要回答这个问题，我们最好先对巨猿进行一番了解。

1935年，荷兰古生物学家孔尼华从哺乳动物的化石中发现了一枚巨大的灵长类牙齿。后来孔尼华发表研究报告，将其命名为步氏巨猿，以纪念刚刚病故的北京猿人化石研究者步达生。后来北京猿人化石的另一个研究者魏敦瑞也对巨猿化石进行了研究，认为巨猿应该是早期人类，应该改称为"巨人"。同时他还提出人类的巨人起源论。魏敦瑞是当时的古人类学权威，但这个理论却是完全错误的。现在的理论认为，巨猿与亚洲的西瓦古猿和现存的猩猩有很近的亲缘关系，而和人类关系甚远。

步氏巨猿的化石已发现了1 000多件，在灵长类动物中是最多的，但却只有下颌骨和牙齿。因为化石提供的信息不多，所以以前对巨猿的分类有很大争议。巨猿的化石在中国南方很多地方都有发现，尤其在广西柳城的楞寨山硝岩洞发现了1 076枚牙齿和3个下颌骨，这里也因此被称为巨猿洞。此外邻近的越南一带也有巨猿化石发现。1967年，印度北部的喜马偕尔邦又发现了另外一种巨猿——巨型巨猿。不过这"巨"只是由于曾认为它们是森林古猿，其实它们的体形要比步氏巨猿小很多。

▶巨猿的复原模型

有人认为世界各地所发现的类人动物，比如神农架"野人"、北美洲的"大脚怪"、喜马拉雅山的"雪人"等可能就是残存下来的巨猿，但这种推测毫无根据。巨猿这个最大、最引人注目的史前灵长类早已完全消失在地球上，它们不需要这些尚未确认其真实性的"后裔"来增添自己的传奇色彩。

巨爪地懒

古兽档案

中文名称: 巨爪地懒
拉丁文名: *Megalonyx*
生存年代: 更新世
生物学分类: 贫齿目
主要化石产地: 北美洲
体形特征: 身长3~4米
食　　性: 植食性
释　　义: 巨大的爪子（兽）

>>>

　　1.3万年前，阿拉斯加的群山覆盖着白雪，山谷中散布着星星点点的绿色。几个身披兽皮衣、手执长矛的史前猎人跋涉在山脚下的树丛中，他们是第一批到达这里的人类。突然，他们前方的灌木丛中传来响动，一头2米多高的巨兽露出了脑袋。它像人一样直立着身体，浑身披着粗厚的长毛。它仔细地嗅着周围的空气，挥舞着像北极熊一样粗壮的前爪，每个爪子都有20多厘米长，如同数把锋利的砍刀。在它身边，一头牛犊般大小的幼兽蹒跚着躲到母亲身后。

　　对猎人们来说，这是他们从未见过的一种巨兽，而在另一头，雌地懒已感觉到了威胁。它们通常是与世无争的，但保护幼崽的本能使它亢奋起来，不允许任何一个入侵者接近。猎人们决定先攻击雌兽，以免幼兽受伤后雌兽更加狂暴而难以对付。几个人迅速散开成扇形，呐喊着用投矛器掷出手中的长矛。借助杠杆的力量，燧石制成的矛尖能在数十米外扎穿猛犸象的厚皮，然而这头巨爪地懒虽身中数矛，却似乎毫发无损，摇晃几下便将长矛弹落在地。不等猎人发出第二次攻击，雌兽沉重的身躯已经冲出灌木丛，巨爪闪电般击向距离最近的一个人，差点将其开膛破肚。见势不妙的猎人们已顾不上自己打猎的使命，纷纷拔腿逃跑……

>>>

　　随着动画电影《冰河时代》及其续集风靡全球，滑稽搞笑的地懒"西德"也和它的伙伴猛犸象、剑齿虎一起成了卡通明星。不过与另外

两位相比，大部分中国观众还不知道地懒是何方神圣。其实，"西德"的原型就是杰氏巨爪地懒，这是一种身披长毛、体形如牛的动物，也是唯一曾在北极圈内生活过的贫齿类。

巨爪地懒是少数由业外名人命名的古生物之一，其命名者乃是美国开国元勋、第三任总统托马斯·杰斐逊。这位总统在美国历史上素以学识渊博闻名。1796年，还没当上总统的杰斐逊收到一些来自西弗吉尼亚州的化石，包括3个巨形脚爪和一些头骨、肢骨。当时他深为这些巨爪所震撼，以为是某种灭绝的美洲狮的化石，遂将其命名为"巨大的爪子"。两年后美国人了解到古生物学泰斗乔治·居维叶对大地懒化石的研究成果，才意识到这种动物其实是贫齿类。

此后一个多世纪中，南北美洲各地又有多种大地懒和磨齿兽的化石相继出土，其中某些地区甚至还发现过保存了部分皮毛、筋腱的天然地懒木乃伊。

杰氏巨爪地懒约出现在150万年前，在地懒中算是小字辈。其化石在美国和墨西哥的一些地方都有发现，加拿大育空地区和美国阿拉斯加也留下了它们的足迹。它们的个头比电影中大很多，长三四米，体重达1.5至2吨，相当于两三头公北极熊。当然，跟它们更著名的南美洲堂兄弟、体大如象的大地懒相比，这只能勉强算"中重量级"。它们的头骨短而宽，有一个很深的、圆钝的口鼻部，上面有发达咀嚼肌附着的痕迹；它们只在上下颌两侧长有18颗柱状频齿，头颅比大地懒短圆，更像今天的树懒。

与大地懒、磨齿兽和其他大多数地懒相比，巨爪地懒的行动能力更强，这是因为它们后肢中央3个趾上的爪子可以着地，这使它们能够用整个后脚掌承受巨大的体重，而其同族行走时大多仅用脚外侧着地。正是这种活动能力及厚实毛皮带来的耐寒性，使它们能比同族行走得更远。

巨爪地懒的尾部结实粗壮，能与两条后足形成三足鼎立之势，像袋鼠一样直立活动。其前肢则有长而弯曲的爪子，能够轻易地扯下树枝、拔起灌木，当然也是锐利的自卫武器。此外，它们的皮肤下长着许多角质化的硬疖，是皮毛之内的最后一层防御。

中新世的早期地懒类体形很小，而且可能像现存的树懒一样是树栖的，此后则逐渐增大。南北美洲相连之后，大地懒类逐渐向北扩散到北美大陆的各个角落，包括体型不亚于杰氏巨爪地懒、能在半沙漠地区生活的舌懒兽和身体较小、以树叶为食的窣子兽等都是非常成功的种属。就连西印度群岛上也曾生活着种类繁多的地懒，其中体形大的如黑熊，而小的则和猫差不多，这自然是岛屿环境的限制所致。

▶ 整日倒挂在树上的树懒

巨爪地懒是所有"懒族"动物中最进步、生存能力最强的一类，但它们还是无法摆脱与同族一样的命运，在大约9400年前从地球上消失了。从此，美洲大陆上只剩下整日倒挂在树上的树懒，而强大有力的地懒则成了永远的过去时。然而，在今天亚马孙雨林和巴塔哥尼亚原野的某些角落，还有关于一种体形似熊、能像人一样直立行走的神秘巨兽的传说，这种动物身披长毛，能抵抗箭头甚至铅弹的射击，外形和声音都极为可怕。有人认为这或许意味着某种地懒仍在蛮荒之地游荡，但目前仍未发现最近5000年之内仍有它们存活的任何实物证据。

巨足驼

古兽档案

中 文 名 称：巨足驼

拉 丁 文 名：*Titanotylopus*

生 存 年 代：中新世—更新世

生物学分类：偶蹄目

主要化石产地：北美洲

体 形 特 征：身长4.3米，身高3.5~4.0米

食　　　性：植食性

释　　　义：巨大多节的脚（兽）

》》》

在更新世的北美大草原上，一群巨足驼刚刚增加了五5个新成员。初生的驼崽趴在地上喘息，母驼疲惫地咀嚼着胎盘。突然担任警戒任务的巨足驼发现一群恐狼正围拢过来。放在以往巨足驼是不会和恐狼纠缠的，它们只需要跑开就可以了。但现在有数匹母驼刚刚生产完，对同伴特别依恋的巨足驼不能舍弃它们逃跑。于是巨足驼采取了传统的防御方式，把初生的小驼和体弱的母驼围在中间，形成一个缓慢移动的圆形阵。恐狼忍耐不住了，其中两匹恐狼扑了上去。几匹巨足驼迅速反刍，把胃中的食物对着恐狼喷了出去，污

秽物喷了它们一头。这两个倒霉鬼还没反应过来，就被硕大的驼蹄踩翻在地。几次尝试后，恐狼在巨足驼们的目送下离开了……

》》》

现存的驼类只分布在亚洲、非洲与南美洲，种类也不多。而在史前时期，拥有骆驼最多的却是北美洲，因为这里就是驼科动物的发源地。这里曾出现过的骆驼将近100种，其中有一种非常高大的骆驼最为著名，这就是巨足驼（又译泰坦驼）。

巨足驼最早出现在晚中新世晚期，它们的身体构造与现代的骆驼差异不大，只是更加高大健壮，一般身高在3.5米左右，较大者可达4米，甚至有的资料称最大的巨足驼有5米高。与粗壮的躯干相比，它们的头部比较小，但是脖子和四肢都很长。

根据对巨足驼胸脊和脊椎的研究，人们认为巨足驼长有一个驼峰，这使它们的样子就像是长颈鹿与单峰驼的混合体。但也有人认为巨足驼高耸的脊椎并不是为了支撑驼峰，而是为了支撑类似猛犸象、披毛犀身上储藏脂肪的肩峰。由于巨足驼和南美洲的羊驼关系很近，而与旧大陆的单峰驼、双峰驼关系较远，所以有理由相信它们储藏脂肪的形式可能也不同于后两者。

现代骆驼大多是生活在荒漠地带吃草的动物，但巨足驼的牙齿是不耐磨损的次高冠，因此通常认为它们生活在有茂盛森林或者灌木很丰盛的地区。由于它们身材高大，腿长挺拔，能够到高处的鲜嫩枝叶，或许相当于类似长颈鹿的生态区位。它们每天都成群游荡在北美草原上，不停地在一片片树林和灌木丛中寻找着可口的食物。

北美洲在上新世、更新世时期拥有相当多的食肉动物，包括著名的恐狼和刃齿虎，这些动物对身材高大的巨足驼也足以造成威胁。然而巨足驼恐怕不会在意这些猛兽，因为现代骆驼在自卫时非常勇猛，甚至时常把狼踩死，而更加高大强壮的巨足驼应该也会采取相同手段进行反击。实在不行，它们也能依靠修长的四肢把试图追杀它们的猛兽远远甩在后面。

然而，能应对各种危险的巨足驼仍难逃人类的追杀。根据已发现的化石，我们得知早期到达北美洲的人类曾经和巨足驼一起生存过，还经常猎杀它们作为食物。至今人们已在18个史前美洲人类的遗址中发现了巨足驼的骨骼化石，其中一件甚至还被制成了工具。

早更新世之后，北美洲的冰盖进一步扩展，整体气候更加干冷。草原更加开阔了，而原来的森林灌木则逐渐消失。习惯生活在有稀疏森林草原上的巨足驼难以适应没有树的环境，分布逐渐缩小。虽然多数巨足驼在中更新世前就已经灭绝，但最后的巨足驼仍然延续到晚更新世，接触了这里最初的人类移民。从此之后，曾长期作为骆驼类进化中心的北美洲就不再拥有任何驼类了。

恐齿猫

古兽档案

中 文 名 称：恐齿猫
拉 丁 文 名：*Dinictis*
生 存 年 代：渐新世
生物学分类：食肉目
主要化石产地：北美大陆
体 形 特 征：身长1.50米
食　　　性：肉食性
释　　　义：恐怖（牙齿）的猫

》》》

　　中渐新世时期的美洲大陆南部，郁郁葱葱的各种乔木遮天蔽日，除了偶见小群的反刍兽游荡在林间，一时似乎看不到什么别的陆栖动物。终于，山丘后传来阵阵沉闷的吼叫声，显示着那里正有什么事件发生着。几头如现代野牛般大小的古巨猪正聚集在一起，它们是渐新世的扫荡者，模样凶恶而丑

陋。前方10多米开外，一身形小巧的食肉兽正埋头享用着一只硕大的原角鹿。骨骼断裂和咀嚼肉体的声音刺激着贪婪的古巨猪们，它们一步步慢慢接近，嘴里发出吼声试图将这专注的食客赶走。

深入猎物腹腔掏吃内脏而满脸血污的食客抬起头来，发出威胁性的咆哮，做出要扑击的样子。临近的巨猪群慌忙后退，身高体壮的它们一时竟慌乱不已，因为它们知道这个凶残的家伙是恐齿猫，自己若是落单的话恐怕小命不保。尽管不满，但它们的这顿饭还是得再等等了。

>>>

恐齿猫（又译古飙）是食肉目假剑齿虎科动物的先驱之一。它们骨骼强壮，四肢短粗，体形介于猫类与灵猫类之间：身躯和尾部细长、脚爪不能完全收回，像灵猫；而头部则很接近真正的猫形动物，并且可能和后来的猫科动物一样有三重眼睑。它们的双颌强劲有力，犬齿非常锋利，是有效的捕食武器。正因为如此，很多人认为它们是食肉类动物中的第一种"剑齿动物"。

与现在的猫科动物不同，它们是以脚掌而不是脚趾行走，这多少影响了它们的行动速度。因而就整体而言，恐齿猫身体结构上原始的成分较为明显。

作为早期带有剑齿的假剑齿虎科动物，恐齿猫凭借夸张的、边缘如锯的上犬齿而成为非常高效的捕食者。尤其是当面对大型猎物时，恐齿猫总能占据有利位置，准确切断猎物咽喉部位的气管和动脉。

化石记录显示，身高达1.8米、大如非洲野牛的古巨猪类也曾被只有现代非洲狮一半大的恐齿猫猎食，其凶猛程度可见一斑！

当然，恐齿猫虽然凶悍，但毕竟个头较小，它的生活依然充满着危险，大型的鬣齿兽类，以及其后来出现的近亲伪剑齿虎类、祖猎虎类等，都可能危及它们的安全。例如，在美国北达科他州发现的一具恐齿猫头骨化石上的后部，可以清晰地看到两个致命的小孔，这正是其被别的食肉动物猎杀的有力证据。

晚渐新世开始的气候转变，使森林开始逐步被草原或灌木林所代替，作为跖行性猎手的恐齿猫被迫在相对开阔的环境里追捕那些奔跑日渐迅速的猎物，失败乃至灭亡的命运终究难免。恐齿猫，这个曾经的林间幽灵终于留在了地球历史被翻过的一页中。

▼对恐齿猫的生活造成极大威胁的祖猎虎

恐颌猪

古兽档案

中 文 名 称：恐颌猪
拉 丁 文 名：*Dinohyus*
生 存 年 代：晚渐新世—中新世
生物学分类：偶蹄目
主要化石产地：北美洲
体 形 特 征：身长3.2米，肩高2.0米
食　　　性：杂食性

>>>

　　早中新世时期，现今美国内布拉斯加州大草原上生活着一批新的食草类动物。三趾马、副马、丽马和小古驼等成群徜徉，而一队赳赳前行的荷氏恐颌猪则更引人注目。连续多日以草根和灌木叶充饥，使这群本就凶相毕露的家伙们彼此间龇牙咧嘴地威胁、吼叫……一路上它们嗅不到一丝腐肉的气息，它们追寻着达福兽、奥斯本犬等食肉动物的足迹。但这些动物似乎知道恐颌猪就在附近，宁可伏在石头上晒太阳，也不出去狩猎。几头年轻雄兽试图接近一对远角犀母子，这是附近它们唯一追得上的大型动物，但雌远角犀很机警，远远看到恐颌猪便带幼崽狂奔远走。恐颌猪群只好各自分开，低头啃食草根，继续老老实实地做着自己以植食为主的杂食性动物。

>>>

恐颌猪属于偶蹄类中的古齿兽次目、巨猪科。所谓"巨猪"并不是"巨大的猪"，它们其实是与猪类亲缘关系相当远的一类动物，最早成员是中始新世生活在我国云南的始巨猪。它们的个头和牙齿都较小，在我国分布广泛，种属多样，因此我国可能是巨猪科动物的发源地。进入渐新世后，巨猪类蔓延到亚欧大陆的各处和北美洲，繁荣一时，著名的有欧洲的副巨猪、北美的古巨猪、短面巨猪和亚洲蒙古地区的完齿猪。其中完齿猪在BBC的《与古兽同行》中被塑造成横行无忌的猛兽，从而被广大观众所认识。

进入中新世后，亚欧大陆的巨猪类相继绝迹，新兴的大型猪科动物占据了这些同族前辈的位置，而此时北美洲却出现了恐颌猪类的一枝独秀。它们是一类有着野牛般身躯的巨猪类，生活在距今2900万至1600万年的北美洲草原地带。尤其是晚期的荷氏恐颌猪几乎是该家族中的"巨无霸"，它们身形巨大，肩高就达2米多，身长超过3米。与其巨大坚固的头部和身躯相比，恐颌猪类的四肢明显要比现代猪类和西㹠类都要长，而且比较粗壮，前肢长于后肢。

已发现的荷氏恐颌猪头骨化石超过1米，嘴里嵌满利齿：上下犬齿伸出嘴外，形成4颗大獠牙，门齿和前白齿也异常发达结实。双颌上曾附着肌肉，在嘴边、头顶和眼睛附近还生出一些凸出的骨瘤，使其面部更显狰狞。此外，在大量被发现的恐颌猪类头骨化石上都存在或多或少的伤痕，且大多已经愈合。现在推测，恐颌猪类群居生活，彼此间因种种原因还会发生相当激烈的打斗。

关于恐颌猪类的生活习性研究历来争议颇多。一些学者曾把它们描绘成可怕的掠食动物，其理由是它们有足以压碎骨头的巨大牙齿。但对其牙齿特点、身体结构进行充分研究后，大多数学者倾向于恐颌猪类是杂食性动物。因为它们的前肢虽然有力，但脚上的蹄子却难以用来扑倒或捉住猎物；而它们的眼睛长在头部两侧而非正面，能形成更宽广的视野，却不能像现代食肉动物一样对前方物体形成完整的图像，显然更利于防御而不是捕食。另外，其巨大的牙齿也可能是为适应干旱地区粗硬植物而发生的特化。

总体来看，恐颌猪类也许是"机会主义者"，它们会捕捉所能猎杀的一切弱小动物，也经常会捡食其他食肉兽吃剩下的猎物尸骸，还能凭借巨大的身躯和可怕的大嘴驱赶走猎物的原主人；而在更多时候，它们会吃草或挖掘植物根茎。更有趣的是，在美国内布拉斯加州的一处中新世化石产地，人们发现了被肢解的美洲爪兽骨骼与更多的恐颌猪化石在一起，上面有恐颌猪牙齿啃咬过的明显痕迹。科学家对此大胆推测，恐颌猪可能不但是群居动物，而且还有带回部分猎物以喂养幼崽和年老虚弱的同伴的习性。

在漫长的生命演化史上，恐颌猪及整个巨猪家族盛极一时却又迅速衰落，到中、晚中新世便不见了踪影，原因至今仍扑朔迷离。它们就像彗星般划过新生代的长夜，但其古怪的外形和习性却留给人们无穷遐想。

恐狼

古兽档案

中文名称：恐狼
拉丁文名：*Canis dirus*
生存年代：晚更新世
生物学分类：食肉目
主要化石产地：美洲
体形特征：身长1.5~2.0米，肩高约1.0米
食　　性：肉食性
释　　义：恐怖的狗

　　这里是3万年前的美国加利福尼亚州南部，一块尚无人踏足的土地。灌木丛中散布着几个小水潭，在薄薄的一层水面下，黑黝黝黏糊糊的沥青不断从地层深处渗出，任何踏入其中的生灵都将被吞噬。通常几年都未必有一个倒霉鬼掉入其中，不过今天就有一头年轻的雄野牛在水潭中悲鸣着，四肢都已被沥青牢牢粘住。它的挣扎只能使身体陷得更深，头颅和脊背也沾上了一团团的黑色焦油。水潭四周，十几只恐狼注视着它，等待着机会。它们的身体比狼大一圈，头颅和四肢像斗犬一样粗壮，目光中透着杀气。

看见野牛的挣扎越来越无力，一只健硕的雄恐狼纵身跃到了它的背上，接着又有几只跳进水潭。然而它们刚撕下第一块肉，就猛然发现自己也和野牛一样陷入了绝境，无法把身体从沥青中摆脱出来。一时间，悲惨的号叫声响彻在水潭上空。没有进入陷阱的恐狼瑟缩了，徘徊了一阵后渐渐散去。不幸的贪食者们则慢慢沉入沥青湖深处，直到3万年后借助人类之手才重见天日……

作为有史以来最大的野生犬亚科动物，恐狼在冰河时代的北美洲可是个重要角色。不过，其实它们比今天的狼大不了多少，身长1.5至2米，肩高1米左右，平均体重为50千克，大者可接近80千克。

恐狼出现在大约40万年前，直到冰河期即将结束的1万年前灭绝。在此期间，它们一直与生存至今的狼共同生活在美洲大地上。也许有人会产生疑问，这两种狼如何共存？其实，根据化石分析，恐狼的身体结构与狼有许多区别，并不是对现代狼的简单放大。与今天的狼相比，恐狼的身躯和四肢更加短粗结实，肩膀宽阔，脑袋大而沉重（但平均颅容量比狼要低），双颌及牙齿更加强劲有力。这样的体形决定它们在速度和耐力上都比狼逊色些，智力也略差，但却拥有鬣狗般的可怕咬力和更壮实的体魄。此外，已发现的恐狼牙齿化石大都严重磨损，说明它们经常啃食大型动物的骨头。而且在美国加利福尼亚州的拉布雷亚沥青坑中，恐狼的遗骸达3600余具，数量远多于其他食肉兽。这似乎表明恐狼可能并非剽悍的猎手，而是智力不高、以捡食尸体为生的清道夫角色。

不过情况并非如此简单。毕竟，曾被认为是草原小丑的斑鬣狗已被平反，在现生哺乳类中也不存在纯粹的食腐动物，尤其像恐狼这样体形大、种群数量多的物种仅靠捡残羹冷炙是难以养活自己的。

恐狼相对笨重但强壮的身躯，不仅在抢夺食物上占优势，也更适合捕捉大型而不擅奔跑的猎物，如北美野牛、大角野牛和各种地懒；另外，西方马和各种大中型鹿类可能也是它们的主要捕食对象，因为在一些恐狼的化石上发现了鹿角、马蹄留下的伤痕。当然，它们也不会拒绝垂死的动物或现成的尸体。在同样以野牛为主食且更为巨大的拟狮、刃齿虎面前，它们可能是凭借犬科动物的优势——团结协作、忍耐性和快速生殖力而守住了自己的一方空间。

人类进入美洲后不久，恐狼就和其他许多美洲大型动物一起灭绝了。也许是捕食大型动物的习惯使它们失去了食物，也许是缺乏与亚洲的接触使它们无法抵御新的细菌病毒，总之它们的消失和它们的具体相貌一样，只给现代人留下了一个值得探讨的谜。

恐猫

古兽档案

中 文 名 称：	恐猫
拉 丁 文 名：	*Dinofelis*
生 存 年 代：	上新世—早更新世
生物学分类：	食肉目
主要化石产地：	非洲、亚洲、欧洲、北美洲
体 形 特 征：	身长约2.2米，肩高0.7米
食　　　性：	肉食性
释　　　义：	恐怖的猫

>>>

　　一声凄厉的尖叫盖过了小石山上的虫鸣，酣睡中的豚尾狒狒（又称山都，今天世界上最大的一种狒狒）们纷纷惊醒。吵嚷中它们发现群中位居老二的雄狒狒不见了，只留下一条血迹和猫科动物特有的气息。十几米外一个若隐若现的黑影逐渐远去，它叼着死狒狒钻进草丛中，又爬到一棵刺槐树的主枝杈上。

　　这是一只黑色的巴罗刀齿恐猫，它比最大的美洲虎还要雄壮有力，即便在白天，再强壮的狒狒也不是它的对手。不过，它一身如黑缎般油光闪亮的

毛皮在阳光下只能成为累赘，而在夜色中几乎与黑暗融为一体。有了这种绝佳掩护，它总是能轻松获得一顿狒狒或南方古猿肉的美餐，而对机警敏捷的羚羊、斑马倒逐渐没有兴趣了。它悠然自得地享用着猎物，在树上不必担心鬣狗或郊熊之流来找麻烦。但对这个黑暗游侠来说，夜间捕杀两次灵长类都比抓到一只大型羚羊的成功率更高。小石山上，重新找到安身之处的狒狒群又进入了梦乡，但它们仍惊魂未定，不知鬼魅般的黑恐猫何时会再度拜访……

》》》

恐猫并不是猫，而是一类剑齿虎。南非的巴罗刀齿恐猫身长约2.2米，肩高0.7米，与美洲豹相仿或更加矮壮；中国的冠恐猫则有3米长，肩高超过1米，几乎和狮虎一样大。恐猫前腿长而有力，后腿相对纤细，不善奔跑跳跃。它们最明显的特征是剑齿直而粗短，长度介于狮虎和大部分剑齿虎之间，这种形状算是剑齿家族中的另类，故也被人称为"假剑齿虎"。

恐猫生活在500万至120万年前的亚欧大陆、非洲和北美洲。根据较近的研究，过去曾被认为是晚期剑齿虎的一些化石现已被认为属于恐猫类，其远祖一般认为是中新世的后猫。从身体构造上看，它们和今天的豹子、美洲虎一样擅长爬树，但似乎不够快速敏捷。它们的捕猎方式很可能也是以夜间偷袭为主，而不是靠追击或角力。

科学家曾在南非的一些洞穴中发现过食肉兽吃剩下的骨骼化石，其中有些是体形很大的羚羊，当时只有恐猫具备猎杀并拖走它们的能力。除羚羊外还有大量的狒狒和南方古猿遗骸，有的头骨上还留有被剑齿咬出的凹坑。专家认为，恐猫的剑齿适合捕食灵长类，能咬开其颈部甚至头骨而不易断裂。对恐猫而言，南方古猿的灵活性和自卫能力都不如狒狒，相比之下更容易得手。因此，恐猫被视为沾满史前人类鲜血的元凶，BBC的《与古兽同行》中就用大半集篇幅描绘了其与阿法种南方古猿（通常被视为人类直系祖先）的恩恩怨怨。

但并非所有学者都同意这种观点。开普敦大学的考古学家李·索普及其同事近期的研究显示，根据对当时南方古猿和食肉猛兽化石中的放射性碳的同位素C13含量进行比较，最可能猎杀南方古猿的猛兽依次是豹、豹鬣狗和巨颌虎，恐猫不在其中。索普等人在报告中称，对恐猫的测试表明它是以食草动物为主食的。既然今天的非洲花豹、美洲虎都可以猎杀并拖走体重为自己三倍的大型羚羊或家牛，恐猫自然可以轻松捕获当时非洲草原上的各种大中型食草类动物。不过，既然它们有能力，也无法排除它们猎杀史前人类的可能性，只不过人肉并非其主要食物，或者只有少数恐猫有食人偏好。但比起隐蔽性较差的鬣狗和剑齿修长易断的巨颌虎，它们对史前人类的威胁无疑更大。

正是伴随着恐猫利齿下的一声声惨叫，人类在这块土地上不断增长着自己的智力和体力，并最终赢得了这场人兽之战的第一个回合：恐猫和它的剑齿同族从非洲消失了，人类却变得更加聪明、强壮。

恐象

古兽档案

中 文 名 称：恐象
拉 丁 文 名：Deinotherium
生 存 年 代：中新世—早更新世
生物学分类：长鼻目
主要化石产地：非洲、欧洲、西南亚
体 形 特 征：雄性身长8.0米、肩高4.0~4.5米，雌性身长6.5~7.0米、肩高3.5米
食　　　性：植食性
释　　　义：恐怖的野兽

>>>

　　烈日炙烤着地面，地中海北岸的这个旱季似乎格外长久。伴随着沉重的响鼻声，一头12吨重的雄性硕恐象跋涉而来，摇晃着脑袋闯进林中。它比两个篮球运动员加起来还要高，鼻子却短得只能勉强够到膝盖。更古怪的是，它的一对大象牙不是指向前方，却像倒钩一样向下弯曲。它每天大部分时间都在进食，而现在已连续5小时没吃东西，着实是饿坏了。

　　这头硕恐象吃完了低处的嫩枝叶后，又用下钩牙钩住了一棵树干，然后

猛地一甩头，把近2米长的一大条树皮硬是扯了下来，几下就吃了个干净。等把这棵树下面的一圈外皮都吃掉后，仍不满足的硕恐象干脆用力往树上一撞，顿时将其拦腰截倒，原先高高在上的树冠枝叶也成了它触鼻可即的美味。等它终于暂时吃饱喝足之后，小树林已是一片狼藉。硕恐象不再逗留，迈开大步又上路了，不知前方迎接它的会是怎样的命运，它和它同样巨大的同类们能否熬过这次微小的气候变化……

>>>

恐象是象类进化早期就分出的一个特化旁支，与现生大象的亲缘关系非常远。其早期祖先出现在渐新世时期的埃塞俄比亚，估计体形介于猪和半大河马之间。进入中新世，原恐象开始出现在早中新世的肯尼亚、乌干达，此后逐渐扩散到非洲其他地区和亚欧大陆。也正在这一时期，象类进入迅速发展的黄金时代；也就是说恐象类和象类主流的演化是基本同步的。虽然恐象种类不多，但却是繁衍最久的长鼻目类群之一，在与象类演化主流分家后延续了2000多万年，和象族历史上最繁盛的乳齿象亚目差不多少。

恐象是有史以来最大的长鼻类动物，也是当时最大的陆生哺乳类动物。雄性硕恐象的肩高可达4至4.5米，体重超过10吨（有的估计达14吨），足以令帝王猛犸象、哥伦比亚猛犸象和师氏剑齿象都相形见绌，在史前陆生兽类中仅次于几种巨犀。不过，由于恐象的头部窄而平，显示其颅容量较小，智商应该不如现生象类。此外，根据对其鼻腔的分析，它们的长鼻也比现生象类短些。

当然，最与众不同的地方还是其下颌上那对弯钩状的长牙。学界对恐象下钩牙的作用历来众说纷纭，有的观点认为它能用来撕下树皮、树枝，或是用于从土中挖出树根和块茎，甚至还有人认为下钩牙可以在恐象喝水或睡觉时固定住身体。相比之下，第一种解释更合理些，而后两种对巨大的恐象来说太不可思议了。毕竟，人们曾多次观察到非洲象用象牙剥树皮，而较短且后弯的下钩牙比前伸的长牙更适合此类工作，已发现的象牙磨损痕迹也证明了这一观点。

虽然很多人认为恐象是森林动物，牙齿也适合咀嚼树叶，但它们身高腿长的体形却适合在开阔地带长途跋涉，分布广、扩散快也印证了它们的迁移性。与其他同时期的古象相比，恐象的化石不多，可能也说明它属于较边缘的生态区位，而且不会结成大规模的象群。

700万年前，随着中新世的结束，体形和结构已发展到极致的恐象终于没落。欧洲的硕恐象在上新世凋零，而在所有象类的老家非洲，博氏恐象仍然顽强生息着，一直延续到100万年前的早更新世，甚至在我们的老祖宗进入直立人阶段时还与它们打过交道。不过，在人类拥有能杀戮一切大型动物的智慧之前，这些长鼻怪物就彻底消失在了生命长河中。

117

库班猪

古兽档案

中 文 名 称：库班猪
拉 丁 文 名：*Kubanochoerus*
生 存 年 代：中新世
生物学分类：偶蹄目
主要化石产地：亚欧大陆、非洲
体 形 特 征：身长近3.0米
食　　　　性：杂食性

>>>

　　在大约1500万年前的中中新世，位于青藏高原脚下的我国甘肃和政地区的气候炎热湿润，湖泊星罗棋布，草木繁茂。清晨在一层潮湿的薄雾笼罩之中来临，鸟儿的欢叫声此起彼伏，将一头年轻的雄性巨库班猪从睡梦中唤醒。它抖散开身上的露水，从昨夜栖身的灌木丛中走了出来。与雌性库班猪不同，成年雄猪总是单独生活，也没有什么固定巢穴。之所以如此逍遥，是因为成年雄性库班猪体形太过魁梧，其身长近3米，安全系数颇高。

今天这头年轻雄猪非常烦躁，繁殖期性激素的强烈分泌使它成了极其危险的"狂暴战士"。围着附近巡视几遍后，它并没有嗅出有任何异性来到的信息，终于感到一阵干渴，于是一路跑到山坡后的湖边。这里铲齿象一家早已开始了早餐，安琪马、萨摩麟、和政羊等拥挤在一起尽情地畅饮。库班猪没有丝毫犹豫，径自挤了过来，扑进湖水中。这些邻居们似乎正喝得兴起，并没有散开的意思，但很快它们就只得转移到其他地方了，因为清澈的湖水早已被那个大家伙搞得一片混浊。这头库班猪要尽情地折腾，准备带着一身致密的泥装再去寻找它的新娘。它是如此专注，以至对丛林中缓步走向身旁湖岸的一头半熊熟视无睹⋯⋯

>>>

库班猪属于偶蹄目猪形亚目中的猪次目、猪科。猪次目是猪形亚目的演化主干，其成员的基本特征是都长有全部44颗牙齿，颊齿是低冠的丘型齿，犬齿强烈凸出，表明它们并非高度特化的食草动物而能适应杂食；四肢结构比鹿类、牛类原始，脚上一般有4个脚趾。它们中最早的是渐新世出现的原古猪，中新世后进入黄金时期，在亚欧大陆和非洲发展出几个分支，仅在和政地区出现的就有库班猪、弱獠猪两种利齿猪，以及稍晚出现的弓颌猪，这其中往大型化发展的主要是库班猪及其近亲利齿猪。

据化石材料和现代古生物学家们的研究，库班猪类起源于非洲，但后来在亚欧大陆北部兴盛一时。经过长期演化，它们的外形与今天的各类野猪大不一样，体形像野牛一样巨大，体重500至800千克，四肢也更粗壮且较长；头骨化石仅下颌就近1米长，宽30厘米，上颌则有一对向外伸出的巨型獠牙。它们在眼眶上有疣猪一样的颊突，可能用于在争斗中保护眼睛。更奇怪的是它们在额头上还有一只明显的角，成年雄性尤为粗大。这在通常不长角的猪类家族中显得非常特别。

在当时的环境下，食肉动物主要有后猫、戈壁犬、剑齿虎、半熊，以及包括后期出现的巨鬣狗在内的几种鬣狗，其中只有后三者能对成群活动的雌性库班猪及其幼崽产生威胁，而对于独来独往的成年雄性，几乎没有什么敌人敢招惹它们。

凭借着极强的适应性和高繁殖率，猪类的大型化分支在中新世的亚欧大陆乃至非洲获得了极大的成功，它们遗留下的化石成了不少地区中新世地层标志性的动物代表。虽然最终这个分支伴随着库班猪和利齿猪类的相继灭绝悄然而止，但这并不是唯一的一次。早更新世后，猪类演化中再次出现大型化的趋势，但只局限在非洲大陆。在今天的西非雨林中，还生活着一种被称为巨林猪的大型野猪，体重超过200千克。从它们身上我们或许可以想象，当年更为庞大的史前巨型猪类是如何不可一世。

狸尾兽

古兽档案

中 文 名 称：狸尾兽
拉 丁 文 名：*Castorocauda*
生 存 年 代：中侏罗世
生物学分类：柱齿兽类
主要化石产地：中国
体 形 特 征：身长42.5厘米
食　　　性：肉食性
释　　　义：（长着）河狸尾巴的兽

>>>

　　中侏罗世的夜晚，明月如镜，在内蒙古的古湖泊中，一条古鳕鱼正四处搜寻小鱼来做点心。繁殖季节快到了，它必须储备更多的能量。它太专心了，一点儿都没有察觉到有一个黑影正向它逼近。它突然惊觉，却为时已晚，黑影锋利的牙齿已经狠狠地咬住了它的身体。古鳕鱼徒劳地挣扎扭动，但再也没机会看到明天的日出了。黑影咬着古鳕鱼，拍动着它那覆盖着鳞片的扁平大尾巴向水面游去，流线型的身体和长着蹼的脚令它在水中灵活异常。月亮的影子在湖面上裂开，黑影近半米长的轮廓清晰呈现出来，一身稠密的硬硬的针毛紧紧贴在身上，在皎洁的月光下反着光。它是一只狸尾兽，当时最大的哺乳动物之一。

狸尾兽叼着美味的晚餐，摇摇晃晃往自己的巢穴走去。狸尾兽的巢穴就建筑在岸边，巢穴有两个出入口，一个在水里，一个在岸上的隐蔽处。宽敞的巢穴里铺着许多柔软的蕨类，非常舒适。狸尾兽畅快地在那里品嚼着古鳕鱼，不一会儿就剩下一小堆鱼骨头，多出了一个圆鼓鼓的小肚子。现在狸尾兽可以舒舒服服地蜷身大睡，因为太阳出来了。

》》》

  一直以来，人们都认为大多数中生代哺乳动物体形较小，不超过50千克，而且一般在陆地生活。由于受体形限制，加上生活在恐龙的阴影下，它们多数食性单一，均食虫。然而中国专家在内蒙古中侏罗世地层发现了生活在1.64亿年前的哺乳动物化石，这件保存完好的化石纠正了古生物学家对恐龙时代的哺乳动物都是像鼩鼱一样小的偏见。

化石动物的名字叫獭形狸尾兽，它有着与河狸相似的尾巴，与水獭食鱼相似的生活习性。这一研究成果是由南京大学、中国地质科学院和美国匹兹堡卡内基自然史博物馆的科学家共同完成的。这是一个很重要的发现。为一些中生代哺乳动物具有游泳和食鱼的生活习性并占领半水生的生态环境提供了最早的化石证据，这表明在中生代哺乳动物的总体生态分异远比人们以往认识的要多得多。

新发现的狸尾兽是十分不同于典型的陆地生活的小型哺乳动物。其身长至少有42.5厘米，头骨长度超过6厘米，估计体重在500~800克。迄今为止，它是世界上发现的唯一的半水生中生代哺乳动物，也是已知体形最大的侏罗纪哺乳动物。或许因为其体躯较大，可能才具有了食鱼和游泳的生活习性。

狸尾兽尾巴扁而宽，并覆盖有一些鳞片，与现生河狸的尾巴及其功能非常相似，具有游泳（如适于游泳的有鳞片的宽而扁的尾巴）和挖掘（如粗壮的肱骨）能力。以往人们一般认为，现生半水生（如河狸类和水獭类）和现生全水生（如鲸类、海牛类）会游泳的哺乳动物，最早出现于始新世和渐新世（2500万年前—5500万年前），而新发现的狸尾兽却生活于距今1.64亿年的中侏罗世，这表明狸尾兽这样的原始柱齿兽类哺乳动物在中生代就已经单独具有了半水生的游泳功能，比新生代有胎盘类哺乳动物至少提早了1亿年"下水"，这是趋同演化的重要范例。

此外，狸尾兽还保存了毛皮印痕（碳化的体毛和绒毛），其毛皮为哺乳动物皮肤结构的系统演化提供了直接证据；其牙齿和下颌特征则表明，狸尾兽代表了柱齿兽类的一个新哺乳动物属种。

▲现生全水生动物海牛

丽牛

古兽档案

中 文 名 称：丽牛
拉 丁 文 名：*Leptobos*
生 存 年 代：早更新世—中更新世
生物学分类：偶蹄目
主要化石产地：欧洲、亚洲
体 形 特 征：身长2.6~2.8米
食　　　性：植食性
释　　　义：瘦弱的牛

　　昨夜的寒气为草原的早晨带来一层晶莹的露珠，雾气弥漫在草原上。到处都是一片死气沉沉的景象，几只寒鸦的呻吟声打破了天空的宁静。远方一群丽牛正在安静地吃草，稀稀拉拉地散成一片。牛群边进食边向南走去，它们要在寒潮到来前离开这里，去欧洲中部的河谷度过冬天。牛群在昨天晚上

遭到了袭击，但显然它们成功地击退了进攻者。成年丽牛虽然没有野牛块头大，但它们凭借尖锐的牛角和快速奔跑的能力，足以保护自己免遭伤害。面对这些成群结队的牛科动物，多数捕食者都会离开去寻找更容易捕杀的目标……

>>>

牛科动物是有蹄类动物中最成功、最进步的一支，现在全世界几乎一半的有蹄类动物都属于这个家族。牛类的形态从史前到现在非常多变，其中在欧洲、亚洲东部与南部地区曾生活过一种形态特殊的牛，因为它们个体比野牛、水牛等小得多，显得很瘦弱，丽牛一名也由此而来。

丽牛大多生活在早更新世，只有少数延续到了中更新世，此后逐渐衰败并被其他牛类取代。雄性丽牛头上长有一对细长、呈扁柱状的角，角不大但很直，只轻微弯曲。雌性不仅没有角，体形也要小些。它们的牙齿为次高冠，只覆盖了很薄的一层白垩质。与许多史前牛类相比，丽牛的个头不算大，也不粗壮，四肢较细长，证明它们能快速奔跑。

丽牛与此后出现的各种野牛非常接近，但更为原始，因此它们可能是野牛类的祖先。因为丽牛化石的发现地多为草原环境，所以人们推测它们是在草原上群居生活。

中国地区最大的丽牛是陕西的粗壮丽牛，这种丽牛的双角长度超过60厘米，向后向外生长。早更新世初期，它们与三门马、山西猞猁、山西轴鹿等一同生活在温和湿润的森林、草原地带，数量众多。几乎在同一时期，印度南部也生活着一种捻角丽牛，但分布并不广泛。由于和它们一起生活的纳玛象是经印度到达我国的，所以也有人认为丽牛可能也是和纳玛象一起通过相同的途径来到我国，但现在人们对此还未找到足够证据。在欧洲，埃楚斯坎丽牛也一度非常繁盛，它们比亚洲的同类还稍瘦小些，但却能忍耐温度更低的草原环境。

距今90万年前左右，全球气候再次转冷，丽牛的生存空间也逐渐被冰川剥夺。欧洲的丽牛率先退出生态圈，随后它们在中国北方也灭绝了，只有短角丽牛一种退居到南方地区进入中更新世。到了中更新世晚期，分布在中国南方、印度等地的丽牛也消亡了。人们认为丽牛虽然能适应较凉爽的草原环境，但太过寒冷的冰河气候并不适合它们。不过，这可能并非它们灭绝的唯一原因，还有很多问题需要探究。

砾爪兽

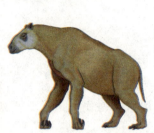

▲此图为一雌一雄的一对砾爪兽

古兽档案

中 文 名 称：砾爪兽
拉 丁 文 名：Chalicotherium
生 存 年 代：始新世—中新世
生物学分类：奇蹄目
主要化石产地：蒙古、中国
体 型 特 征：雄性身长3.0米、肩高2.6米，雌性身长2.6米、肩高1.8米
食 　 　 性：植食性
释 　 　 义：(某些器官) 像小石头的兽

>>>

　　渐新世的中亚气候干燥闷热，生活在内陆的动物不得不适应这极端的气候，或离开这里去找更好的地方生活，而生长在河流两岸的森林、灌木就是当地所有动物的最后避难所。砾爪兽就是这里的常住居民，也是当地最常见的大型动物之一。它们在雨季的栖息地进行繁殖，旱季到河道周围集成小群生活。雄性砾爪兽往往在这个季节为争夺配偶而发生争斗，这些健壮的动物平时喜欢在树上蹭痒，身上也经常粘上一层树脂，天长日久，一些中年雄性砾爪兽身上的皮毛就硬得像铁皮一样，不仅有助于抵御捕食者，还能在争夺配偶时占到不少便宜。此时两头砾爪兽正相互用胸膛抵着对方用力推着，还不时用前爪象征性地拍打对手，旁边几头母砾爪兽则安静地欣赏这场战争。这种争斗虽不会造成损伤，但非常消耗精力，战斗会一直持续到一方疲惫地离开为止……

>>>

动 物身体的某一部分和整个身体是相互适应的，各部分都与整体相

协调。这就是生物学中著名的"相关定律"。这条定律在生物界一般是适用的，可地质史上曾有一类哺乳动物死活也没有遵守这条定律，这就是奇蹄类中的砾爪兽。它们虽为食草动物，脚上长的却是爪子而不是蹄。它们最初被发现时曾让人大伤脑筋，几乎无法相信还会有这么奇怪的动物存在，甚至曾被认为是两类不同科目的动物。

随着越来越多的化石被挖掘出土，人们对于砾爪兽的了解也越来越深入。砾爪兽最早出现于始新世，在渐新世末期分成了适应草原生活和丛林生活的两个类群，其中一些在灭绝前看到了最初的人类。

砾爪兽早期的进化速度很快，后期则几乎停滞了，身体结构改变不大。它们的体形大致像马，但前肢明显长于后肢，脚上长着爪子。砾爪兽的头骨很像长长的马头，牙齿、身体骨骼结构和马、犀牛等动物很类似；口中的犬齿已消失，上门齿也退化了，只有臼齿保存下来。而且这些臼齿的齿冠很低、不耐磨损，只适合吃柔软的树叶。在大型食草动物中，砾爪兽是唯一在趾端生爪的大型素食动物。虽然除不利于快速奔跑外，爪子在很多方面都比蹄有优势，但砾爪兽却从来没有特别繁盛过。

砾爪兽最特别的地方是其脚爪。丛林生活的砾爪兽为避免磨损爪子而用指关节着地行走，它们主要吃树叶，前肢的爪可能会用来压低树枝、将食物拉到嘴边。而生活在草原的种类则以灌木为主食，它们长着钝粗的短爪而不是长爪，可以用脚掌行走，还可能用爪挖掘植物的根茎来补充食物。

▼砾爪兽骨骼装架图

成年的砾爪兽体形较大，虽然它们行动比较缓慢，但人们相信其自卫能力相当强，能用前脚上巨大的指爪给任何入侵者以猛烈反击。如果不是伏击，相信很少有动物能对成年砾爪兽构成威胁。

最早的砾爪兽可追溯到始新世，但不过是一些不很特化、体形很小的动物。直到中新世，砾爪兽的进化达到高峰，种类和数量众多。砾爪兽中最著名的种类一个是分布于北美洲的石砾爪兽，另外就是分布于蒙古地区的砾爪兽了。

中新世结束后，砾爪兽开始走向下坡，北美洲的砾爪兽在中新世结束后就灭绝了，而亚洲和非洲的砾爪兽延续了较长的时间。其中非洲的钩砾爪兽在早更新世也灭绝了，这时只在中国还生存着少量的砾爪兽，这就是黄昏砾爪兽。黄昏砾爪兽的名字就是指它们是最后的砾爪兽，它很可能就是中国乃至世界最后的砾爪兽。当最后的黄昏砾爪兽也终于消失在枝叶斑斓的森林中时，砾爪兽这一延续了数千万年的传奇最终画上了句号。

两栖犀

古兽档案

中 文 名 称：	两栖犀
拉 丁 文 名：	*Amynodon*
生 存 年 代：	始新世—渐新世
生物学分类：	奇蹄目
主要化石产地：	北美洲、亚洲
体 形 特 征：	身长4.0米，身高1.8米
食 性：	植食性
释 义：	（长着）防御的牙齿（兽）

>>>

　　黄昏来临，太阳渐渐沉下山坡，河水中的蒙古两栖犀群开始骚动起来。它们已经在这里待了一个白天了，终于等到夜晚的来临。两栖犀的习性与河马很像，也会在夜晚上岸吃草。这群两栖犀在上岸时特别小心，因为这是一个由雌两栖犀及其幼崽组成的群体，它们缺乏雄性发达的犬齿和力量，只能依靠数量优势保护自己。河岸上，本来有几只鬣齿兽正抢夺着一具尸骸，但当它们看到这些两栖犀缓慢来到时，纷纷主动掉头跑开。两栖犀群开始进食了，不过仍警惕地注视着这些个头不小的捕猎者。其实鬣齿兽并没有攻击它们的意思，它们只希望两栖犀群赶紧离开，让自己回到那具尸骸旁边……

两栖犀是犀牛进化过程中很早就特化的一个分支，它们自成一个两栖犀科，被认为是最原始的犀类之一。因其形态非常原始，在早期曾有人认为它们并不是犀牛，而是一类大型的貘。两栖犀类演化的一大趋势就是鼻孔向后退缩，拥有和貘一样灵活的口鼻部，但其牙齿和身躯形态还是更接近犀牛。

关于两栖犀的起源，现在人们掌握的材料仍然不多。有人认为两栖犀可能起源于早期的跑犀类，也有人认为两栖犀可能是和跑犀共同起源于一个更古老的祖先。

两栖犀最早出现在晚始新世，它们进化很快，在渐新世就到达巅峰，然后就迅速衰落了，只有亚洲少数种类延续到早中新世。两栖犀的生存历史虽短，但分布曾遍及亚欧大陆和北美洲很多地区，出土化石也较多，在对地层的对比研究和划分中都具有重要意义。

目前，人们一致认为两栖犀是像河马一样水栖的，两者的身体结构很类似，可能两栖犀也是生活在水流缓慢的河流或者湖泊湿地中，依靠柔软多汁的植物为生。它们的牙齿比较特殊，门齿与前臼齿退化得非常厉害，但臼齿却变大变长，而且上下犬齿都很粗壮，像野猪的獠牙一样锋利。当在交配季节争夺配偶或者与敌害搏斗时，这些獠牙就会充分发挥威力。然而，它们高度特化的结构使它们很难迅速适应新的生活方式，一旦气候和环境发生改变，其生存就会受到严重威胁。

两栖犀一般个头较大，多数种类身长都超过3米，而该家族中最大的巨两栖犀估计身长超过4米。其实典型的两栖犀是以两栖犀属为代表的，这个属的成员很少，主要分布在北美洲和亚洲，其中最出名的就是生活在晚始新世的中国内蒙古、山西、河南等地的蒙古两栖犀。它们的身长只有2米多一点，犬齿也不发达，与其他两栖犀类明显不同。它们的头部几乎占了身长的1/4，四肢较长而脚较短，所以不能快速奔跑，却能在软陷的泥地上站得很稳当。蒙古两栖犀可以作为两栖犀的典型代表，它们一直生存到早渐新世才灭绝。

化石显示，虽然两栖犀的分布范围特别广泛，但它们的大致体态及构造却很相似，都是矮胖肥壮、行动笨拙的犀牛。因为它们的鼻骨很退化，所以和其他许多早期犀类一样，它们的头上并没有长角。总体而言，它们的形态更接近河马而不是犀牛。

作为如此笨重的动物，很难想象两栖犀是怎么从北美洲进入亚洲并迅速扩散至欧洲。有人认为当时的气温虽然比始新世低了很多，但是整体气候仍然很温暖，水资源丰富，两栖犀可能就是通过水路扩散开的。这虽然是一种比较合理的解释，但也存在一些不足，因此至今我们对于两栖犀的很多问题还是一无所知。

裂齿兽

古兽档案

中文名称：裂齿兽
拉丁文名：*Tillotherium*
生存年代：早始新世—中始新世
生物学分类：裂齿目
主要化石产地：北美洲
体形特征：身长1.5米
食　　性：植食性
释　　义：撕的兽

>>>

　　地面下20厘米的蚁巢核心地带，工蚁们正在忙碌地服侍着自己的女王，不时把刚产出的蚁卵抬入育幼区。突然一阵猛烈震动打破了王宫的和谐，蚁巢很快在一阵沙沙声中分崩离析。一头裂齿兽的前爪只挖了几下就毁了蚂蚁们的家园，而它对此却一无所知。这头裂齿兽感兴趣的并不是蚂蚁，而是紧挨着蚁巢的几株薯类块茎。它的样子和个头很像黑熊，但它其实是迟钝无害的素食者。它的嘴里也没有食肉类的发达犬齿，却像老鼠一样长着一对显著的大门牙，嚼东西时磨牙的样子也颇似老鼠。不过，它可不会像老鼠那样用前爪捧着东西吃，而是将整个身子趴在地上，前爪不停地掘土，并把植物连

同泥土、沙石一起往嘴里送。巢穴被毁的蚂蚁们纷纷爬到裂齿兽身上，然而它们的嘴钳和尾刺对这个庞然大物丝毫不起作用，只有爬进鼻孔的几只蚂蚁让它痒得暂时停了下来。赶走这些小家伙之后，裂齿兽继续享用自己的美餐，然后又慢吞吞地走到别的地方找食去了，而工蚁们也在一块石子儿下找到了倒霉的蚁后……

>>>

　　　裂齿兽是一类非常古老而奇特的史前动物，与现存的任何哺乳类动物都不相似。通俗地讲，它们是长着老鼠门牙和鼹鼠四肢的熊。它们的双颌强劲有力，吻部突出，适于从土中掘食和取食较高处的枝叶。其门牙，尤其是上下颌的第二门齿很大且终生生长，而犬齿及其他门齿则退化或消失。牙齿上有显著的磨损痕迹，研究者认为是进食中咀嚼大量沙土、石子儿所致，说明其很可能以植物的地下根茎为食。裂齿兽的身体粗壮结实，个头和形态都相当于较小的黑熊。其脑小，却有发达的前肢和爪子，足以成为高效的"挖掘工"。不过由于体形太大，它们可能不会给自己挖洞，应该是在地面生活。

▶ 裂齿兽的个头和形态都相当于较小的黑熊

　　裂齿兽属于裂齿类，是从早期食虫类中分化出来的一支奇异的大型植食性动物。裂齿类最早在早古新世出现在中国南部，随后扩散到整个东亚，然后是北美洲、欧洲和南亚，体形也是一路朝着更大、更笨重的方向进化。到了早、中始新世，终于出现了裂齿兽这样极度特化、体重超过100千克的大家伙，但此时更灵巧、进食效率更高的有蹄类、啮齿类动物等已日渐兴旺，作为捕食者的古肉齿类也越来越强大。相比之下裂齿类已经走到了进化死胡同的尽头，再也没有继续演化的活力了。

　　近年来，我国新发现（或者不如说是"确定"）了许多裂齿目动物的化石，如安徽的潜水本爱兽和潜山简齿兽、河南的豫裂兽等。这些发现表明这个家族的分化远比以前认为的要显著得多，而2004年的分类又将豫裂兽、凿齿兽划入其他类群之中。新的发现还显示，裂齿目可能起源于踝节目而不是食虫目，与之亲缘最近的是钝脚目而不是纽齿目。尽管这些变化与争议由于裂齿目是"冷门"而掩盖了火药味，但它们身上还有太多的谜没有解开，研究者们还在期盼更多化石出土。

裂肉兽

古兽档案

中文名称: 裂肉兽
拉丁文名: *Sarkastodon*
生存年代: 始新世—中渐新世
生物学分类: 肉齿目
主要化石产地: 蒙古
体形特征: 身长5.0米,肩高2.1米
食　　性: 杂食性
释　　义: (长着)撕裂肌肉的牙齿(兽)

>>>

　　晚始新世的蒙古原野上,夏天持续了几个月的干旱,已有许多不耐干渴的大型植食性动物倒毙并横尸荒野。本来这对食腐动物们来说是个大大的时机,但这次旱季持续实在太久,能走掉的植食性动物都已经迁徙他处,留给它们的免费大餐也越来越少。早已干涸的河床上,一头蒙古安氏中兽正在撕咬一具两栖犀的尸体。突然,它好像察觉到了什么,向后转过巨大的头颅,映入它眼帘的是和它同样壮硕的巨型食肉动物。这是一头蒙古裂肉兽,被血腥气味吸引而来。饥饿难耐的裂肉兽向前逼近,而安氏中兽也不打算放弃,双方在相互对峙、恐吓了一阵后还是难分胜负。

在烈日的暴晒下，它们很快丧失了谨慎，而是狂性大发，咆哮着冲向对方。几秒钟后，两个庞然大物便厮打在一起，扬起了滚滚尘土。尽管两者力量相仿，但裂肉兽的尖牙利爪毕竟比身为踝节类的安氏中兽更胜一筹，很快在它身上抓咬开了几道伤口。挂彩的安氏中兽一瘸一拐地逃走了，而精疲力竭的裂肉兽也趴在地上喘息了半天，方才爬起来享用来之不易的盛宴……

>>>

　　自从BBC的《与古兽同行》播出以来，很多人都知道蒙古安氏中兽是有史以来最大的食肉动物之一。然而同在它们所生活的时间、地点，还有一类完全能与之媲美的超级掠食者，这就是蒙古裂肉兽，它们属于当时已经趋于衰退的肉齿目牛鬣兽科，但比起脚上长蹄的踝节类动物无疑更有理由称为食肉动物。

　　在蒙古地区发现的裂肉兽骨骼化石显示，它们几乎有能力单独杀死现代亚洲象那样大的素食动物，因此学者们有理由相信，裂肉兽的存在对当时包括锤鼻雷兽在内的所有大型素食动物来说都是个严重威胁。

　　裂肉兽体形伟岸，其外形很像一头拖着长尾巴的棕熊，身躯之庞大当时曾让发现其化石的学者们瞠目结舌。它们通常有3米多长，而大者肩高竟有2.1米，从头到尾长达5米以上，估计体重可能超过1吨。但它们的脑子却很小，巨大的尾巴又酷似浣熊类的样子。

　　从裂肉兽头骨化石来看，它们与父猫等一样带有肉齿目牛鬣兽科发展的方向，即头骨的吻部缩短而宽度增大。其巨大的双颌沉重有力，齿系完整，上门齿相当巨大，而下门齿相对短小；上下犬齿均短而坚固，同时其前臼齿同样粗大。这一切显示出裂肉兽的咬力和咀嚼力量很大，这对撕裂大型猎物的厚皮甚至咬断其骨骼相当

▲裂肉兽的巨大的尾巴酷似浣熊类的样子

有利；不过从牙齿特点可以看出，它们能适应各种食物，也许类似现代棕熊的杂食性。

　　作为肉齿目演化的奇迹，裂肉兽虽体大力猛、牙尖爪利，但因为身体过于庞大臃肿，它们的行动可能很笨拙，更不利于隐蔽；跖行性的行走方式和较小的颅容量也决定了它们在捕猎活动中的低成功率，可能在相当程度上依靠腐食或杂食为生。时光进入3500万年前的中渐新世后，作为牛鬣兽科最后代表的裂肉兽终于消失在了地球演化的长河之中。

鬣齿兽

古兽档案

中 文 名 称：鬣齿兽
拉 丁 文 名：*Hyeanodon*
生 存 年 代：早始新世—早上新世
生物学分类：肉齿目
主要化石产地：亚洲、欧洲、非洲、北美洲
体 形 特 征：身长约2.5米，肩高1.3米
食　　　性：肉食性
释　　　义：鬣狗的牙齿（兽）

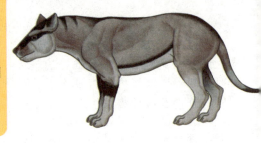

>>>

　　荒原上一个漆黑的夜晚，副巨犀母亲正在为分娩做最后的努力，随着一声喘息，幼崽终于坠地。可还没等小家伙吃奶，母兽却已经站了起来，警觉地向四周环顾着。黑暗中几盏灯泡似的眼睛出现了，这是一些容貌丑陋、长着满口利齿的食肉动物，它们试图靠近幼崽。母副巨犀则拼命加以阻挡，试图用其庞大的身躯和粗壮的四肢驱赶这些个头不小的猎食者，情势相当危急……

>>>

这个场景想必很多读者会感到熟悉，就是BBC的《与古兽同行》中的一个镜头。而这些敢于威胁地球上有史以来最大哺乳动物的猎食者，就是中、晚渐新世时蒙古原野上的死神——巨鬣齿兽。

远在早始新世，肉齿目鬣齿兽科的成员就已经出现。早期的鬣齿兽类是身高不超过30厘米的小型杂食动物，直到晚始新世才逐渐演化成占优势的大、中型食肉动物。它们的兴起在很大程度上是与有蹄类动物的出现结合在一起的，伴随着渐新世灌木草原的扩大而新起的有蹄类，促使当时的各类食肉动物变得更大、更快、更强。鬣齿兽类抓住了这个千载难逢的时机，从最初发源的亚洲迅速扩张到除南美洲、澳大利亚和南极三大"隔离区"之外的世界各大陆。

中、晚渐新世是鬣齿兽类的繁盛期，在亚欧大陆、非洲和北美洲都生活着许多种类的鬣齿兽。它们的体形、外貌各不相同，一些小型的种类酷似后来食肉目的狐类；而走上大型化道路的也不在少数，如非洲的马修鬣齿兽、北美大陆的恐鬣齿兽，以及亚洲蒙古原野上的巨鬣齿兽，它们像今天的虎豹豺狼一样凶悍，无论大小都拥有强大的双颌与牙齿。

从目前已知的化石材料中得知，巨鬣齿兽从头到尾长约3米，外形很像鬣狗，但其力量要比现今的狮子还强大得多。有资料表明，它的双颌具有每平方英寸1000牛的惊人咬力，而牙齿、颌骨结构类似一把大的剪刀，很有杀伤力，可以迅速致猎物于死地（但这种结构会给牙齿造成很大磨损，以致老年鬣齿兽很可能因无牙可用而活活饿死）。它们头大腿长，嗅觉敏锐，奔跑迅捷，是继安氏中兽、裂肉兽之后渐新世蒙古草原上演化出的又一强者。

BBC在影片中给巨鬣齿兽演绎出群居似鬣狗般的习性，令巨鬣齿兽一下子名声大噪，但它们是否具有群体狩猎的习性，目前还不能确认。科学家们倒是从其雄性牙齿上出现的磨损纹路推测，成年雄性巨鬣齿兽之间可能通过磨牙进行相互示威，以确定彼此间的地位高低。不过，即便单独捕猎，它们也是令人生畏的，不但有能力对当时包括幼年巨犀在内的各种素食动物产生极大威胁，而且凭着力大、齿猛，即使面对始剑齿虎、伪剑齿虎、祖猎虎等后起的假剑齿虎科猛兽也能占得上风。

不过，作为一个古老家族的成员，鬣齿兽类的相对优势地位并不稳固。从渐新世末期开始，大型化的食肉目动物纷纷崛起，鬣齿兽类相对笨重的身体结构、较小的颅容量等弊端，在与食肉目动物的长期生存竞争中逐步显现，因而开始走上灭绝之路。进入上新世，它们在蒙古、非洲和北美洲的最后几个据点陆续陷落，这些在生命演化史中显赫一时的肉齿目动物终于彻底谢幕。

133

龙王鲸

古兽档案

中 文 名 称：龙王鲸

拉 丁 文 名：*Basilosaurus*

生 存 年 代：中始新世—晚始新世

生物学分类：鲸目

主要化石产地：美国、澳大利亚和埃及

体 形 特 征：雄性身长17米，雌性身长15米

食　　　 性：肉食性

释　　　 义：蜥蜴之王（兽）

>>>

　　风平浪静的古地中海上，突然冒出一股水柱，一个尖尖的鼻子随之露出。这是一条16米长的龙王鲸，它的鼻孔不像现代鲸豚类一样位于头顶，因此必须把上半个脑袋都抬出水面才能换气。自2000多万年前沧龙、蛇颈龙随恐龙一起灭绝以来，它们可是全世界各大洋中久未有过的海中巨兽了。

　　龙王鲸在海面上歇息了一会儿，又深吸一口气潜入水下。在它的下方，一条1米来长的小鲨鱼正在游弋，似乎出于对这个庞然大物的恐惧而一甩尾鳍

向深处游去。然而龙王鲸已经盯上了它，灵活地调转方向并追上前去，将其一口咬住，大嘴前部的锥形牙齿穿透了粗糙坚硬的鲨鱼皮。它嚼着食物悠然离去，而鲨鱼残存的前半截身体仍在一团血水中不停地扭动、下沉……

>>>

19世纪30年代，古生物学家哈兰收到了一件化石，据称这是美国路易斯安那州的一具巨大骨骼上的一部分。哈兰认为它属于一种巨型海洋爬行类动物，将其草草命名为"蜥王龙"，但英国的欧文却相信那可能是一种大型陆地兽类。两人谁也说服不了谁，而就在哈兰进行研究的同时，更多的化石在阿拉巴马州和密西西比州被发现。最终哈兰看见了这种动物的头骨化石，其牙齿形式明显不属于海洋爬行类。他认识到了自己的错误，意识到这是远古鲸类的一支，然而其学名已不可更改了，中文则将其改译为龙王鲸。

龙王鲸主要活跃在中、晚始新世。从已发现的众多龙王鲸化石来看，它们身长15~17米，少数巨大者可达24米。龙王鲸的身躯细长如蛇，加上因在热带生活而不会有太厚的鲸脂，其体重可能远逊于同等长度的现代鲸类。它们身上还有很多原始特征，例如：长有两条短小的、未完全退化的后腿，头部较小且类似陆生动物，44颗牙齿也与早期的陆地哺乳类相似且分为两种类型，锥形齿分布在前，锯齿形齿排列于后。它们不但能追捕鱼类，也能取食海洋软体动物和甲壳类，甚至伏击岸边的动物。

除美国外，人们在埃及和澳洲大陆也发现了很多龙王鲸类的化石，说明它们当时曾广布于世界各地的热带海洋中。在埃及的撒哈拉沙漠中，有个史前鲸类化石被大量发现的地方，名叫"鲸之谷"。这里在晚始新世是热带浅海，一些龙王鲸当时生活在那里。

作为当时海洋中最可怕的掠食动物，龙王鲸类并不十分挑食。其菜单上不但有大型的鱼类、头足类、海龟，甚至鲨鱼和身长5米多的牙齿鲸也常常遭其袭击。最近人们在一个龙王鲸化石的胸腔部位找到一团鱼化石，可能是它胃内的东西，其中包括几种不同的鱼类骸骨，以及一条50厘米长的鲨鱼。在BBC的《与古兽同行》中，一条怀孕的雌龙王鲸甚至游入河口沙洲，企图猎杀前来饮水的始祖象，不过这种情形应该是相当罕见的。

短短1000多万年时间，鲸类就从陆生动物进化成了如此庞大的海兽，堪称神速。不过，龙王鲸的骨骼结构显示它不可能是现代鲸类的祖先，而只是鲸类演化道路上一个显赫一时的旁支。始新世末期，龙王鲸类已然销声匿迹，但其他鲸类则继续演化为海洋的主人。

美洲乳齿象

古兽档案

中 文 名 称：美洲乳齿象
拉 丁 文 名：*Mammut*
生 存 年 代：中新世—更新世
生物学分类：长鼻目
主要化石产地：北美洲
体 形 特 征：身长5.0～6.0米，身高2.5～3.0米
食 性：植食性
释 义：臼齿上有乳头状凸起（兽）

>>>

　　美国东南部的森林尽头，两头美洲乳齿象在用力地扭动脖子，希望可以牵制住对方。这是两头壮年雄象，正在争夺这个象群的控制权。它们吼叫着相互推挤，试图用锋利的长牙给对方造成严重的伤害。雄性美洲乳齿象间经常进行致命搏斗，因此许多雄象常常落得浑身伤痕。而一旁的雌象并不关心这些，它们虽是群体动物，但成员并不固定，雄象首领经常更换，雌象也会在各个群体间随意流动。年轻的雄象毕竟缺乏经验，很快就被老首领挑破了鼻根，同时肩膀也被象牙犁出两道一尺多长的伤口……一周后，它死在了河

流边的沙地上，肩膀处糜烂的伤口上正飞舞着一群群的苍蝇……

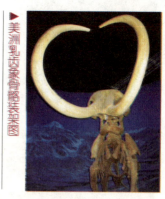

美洲乳齿象骨骼装架图

>>>

对喜欢收集化石的人来说，夏天的佛罗里达可能是全世界最美妙的地方。每年河水泛滥的时候都会把河底的化石冲到浅滩上，成为化石搜集者的宝贝。人们经常会从中找到一种史前象类的化石，这就是美洲乳齿象。

一些不太规范的读物常将美洲乳齿象称为"乳齿象"，然而严格来讲，"乳齿象"只是3000多万年来形态各异的铲齿象、嵌齿象、轭齿象等所有乳齿象亚目成员的统称，而不应用来称呼其中具体的一类。

美洲乳齿象身材庞大，身长能达到6米，身高超过2.5米，上颌有一对很长且弯曲的象牙，头部平坦，背部不像猛犸象那样高耸。它们是更新世冰河期的北美洲最常见的象类之一，人们不仅找到过许多完整的美洲乳齿象化石，还发现了一些保存完好的粪便和消化道，甚至还发现了一些带着皮毛的骨架，通过这些人们才认识到美洲乳齿象像猛犸象一样浑身披着毛发。

虽然外表接近猛犸象，但美洲乳齿象的牙齿更适合咀嚼树叶和灌木，而不能适应草类植物，只能三五成群地在北美洲的森林之间游荡。有证据显示，它们会为寻找充足的水源而在每年冬季和夏季往返于南北，不过和多数动物相反的是它们是夏天向南，冬天向北，因为冬季的北美洲南部更加干旱。

人们认为，美洲乳齿象的祖先可能是在2000万至1700万年前的冰期通过白令陆桥来到北美洲的，并在这里演化成为美洲乳齿象。这是一个很好的平行演化的例子。

尽管美洲乳齿象的牙齿和其他乳齿象一样是低冠的丘形齿，远不如后期真象类的牙齿坚硬耐磨，但它们却在北美洲坚持了很长时间。它们之所以能在北美洲幸存下来，可能很大程度上是因为进入北美洲的真象缺乏在森林中生活的种类，从而避免了竞争。

但就在更新世即将结束时，曾长期繁盛的美洲乳齿象却突然灭绝了，人们对此非常迷惑。一项新的科学研究认为，导致其灭绝的罪魁祸首很可能是一场肆虐的结核病。研究人员分析了收藏在美国匹兹堡卡内基自然史博物馆里的48具美洲乳齿象化石，发现近半数化石上都留有病毒感染后的痕迹。研究人员认为，晚更新世人类的捕杀与他们带来的结核病很可能是严重削弱美洲乳齿象种群的顽凶，再加上环境变化等因素，最终导致这些林地巨兽的消亡。

137

猛犸象

古兽档案

中 文 名 称：猛犸象
拉 丁 文 名：*Mammuthus*
生 存 年 代：上新世—早全新世
生物学分类：长鼻目
主要化石产地：欧洲、亚洲和北美洲
体 形 特 征：身长5.0~6.0米，身高2.5~3.0米
食　　　性：植食性
释　　　义：地下潜伏之兽

>>>

　　在西伯利亚的旷野上，飘起了雪花，这是寒冬来临的预兆。一群真猛犸象正从山脊上走过，它们将与其他同类汇集成大群，一起迁徙到南方去躲避严寒。下面的河流已经泛滥到了平原上，猛犸象们可不希望踩到沼泽里或滑倒在光滑的河石上，因为这对于笨重的它们无疑是一场灾难。所以这群猛犸象的老首领带领族群走上山脊，以躲避泛滥的河水。

　　山脚下，一头年轻雄猛犸象的尸体在寒风中早已僵硬，它是失足摔下悬崖的，大半个身体都被松垮的土埋了起来，河水浸湿了它的皮毛，它空洞的目光望着天空。而悬崖因为水的冲蚀正在不断崩塌，土块不断地跌落到下面的猛犸象的尸体身上……

>>>

　　猛犸象俗称长毛象，曾在近几十万年来分布于爱尔兰、欧洲大陆、西伯利亚、中国、美国等北半球的广大地区。这些披着浓厚皮毛的象类是冰河期的典型标志，也是人们最熟悉的古生物明星之一。上文中提到的真猛犸象是整个猛犸象家族的代表，除此之外人们还在亚洲发现了平额猛犸象、南方猛犸象，以及北美洲的帝王猛犸象、哥伦比亚猛犸象、小猛犸象和产于俄罗斯偏远岛屿的弗兰格尔猛犸象。

　　真猛犸象是猛犸象家族中数量最多、灭绝最晚的一种。它们可能最早出现于中更新世或者晚更新世早期，是一种高度特化的真象。它们的头骨短高，

门齿强烈旋转成螺旋状，最长者超过5米，臼齿的齿冠非常高，能吃硬草。它们在猛犸象家族中其实算是中等偏小的，个头不比现代亚洲象大多少。最近的研究显示，真猛犸象之间的毛色差异可能很大，可能不同时间、地点和亚种的真猛犸象都有自己特殊的毛色。

根据人们对其形态和DNA的分析，猛犸象与现代的亚洲象的关系要远远近于和非洲象的关系。分析结果表明，猛犸象和亚洲象分化的时间并不长，但其中一些很关键的信息仍未被人们掌握，或许它们的进化史比以往认为的要复杂得多。现在一些人试图通过保存下来的猛犸象冻尸克隆出活猛犸象，但已发现猛犸象遗骸中的DNA大多已非常破碎，现有技术几乎无法将其用于克隆，因此就现在看来还是一个比较遥远的梦。

真猛犸象之所以为人所熟悉，是因为我们不仅挖掘到许多保存完好的真猛犸象化石，而且在俄罗斯的冻土层中还屡次发现了保存完好的真猛犸象尸体。这里面不仅有成年真猛犸象，也有真猛犸象幼崽，其中最著名的是1900年在俄罗斯别列索夫河旁发现的成年真猛犸象和1977年在苏联科雷马河附近发现的一头1岁左右的小雄象。此外，在西欧的石器时代先民曾居住过的洞穴中，人们发现了一些真猛犸象的绘画作品。正是得益于这些发现，人类才有可能对真猛犸象类有更充分的了解，否则我们可能永远不会知道它们真正的样子。

在真猛犸象抵达北美洲前，当地已有它的同类捷足先登了，这就是帝王猛犸象。这种猛犸象最早发现于美国内布拉加斯州，体形比真猛犸象还大，在稍早的时候通过白令陆桥抵达北美洲，一度相当繁盛，但当真猛犸象出现后逐渐在竞争中落败。

帝王猛犸象灭绝没多久，北美洲的大陆上又出现了更庞大的猛犸象，这就是哥伦比亚猛犸象。它们在晚更新世的北美洲相当常见，曾广泛分布于北美洲南部。其大者可达4米高、10吨重，超过一般的非洲象。哥伦比亚猛犸象虽然属于猛犸象家族，却没有那么浓密的长毛，因为它们生活在相对温暖、潮湿的南方地区。但是在更新世结束时，它们的麻烦来了，因为这些巨兽虽然喜欢温暖地带，但气候的持续转暖对缺乏有效散热构造的它们是致命的，只得被迫向北迁徙。但同时它们又缺乏在北方能保持体温的体毛，于是随着更新世结束，哥伦比亚猛犸象也黯然退出了北美洲的生物圈。

关于猛犸象的灭绝原因，人们众说纷纭，有人认为是人类的过度捕杀造成了猛犸象的灭绝，有人则说是急速回暖的气候导致了它们的消亡。这些动物消失的原因像以往那些大灭绝一样令人着迷，不过也如同多数动物灭绝的答案一样，我们可能永远无法知晓在这些冰河巨兽身上到底发生了什么。现在在北方地区仍然能见到漫天的飞雪和咆哮的寒风，但是人们却再也见不到在风雪中昂首迈步的猛犸象了。这些曾经漫游整个北半球的巨兽已伴随着雪花，永远消散在西伯利亚的旷野上……

爬兽

古兽档案

中文名称：爬兽
拉丁文名：*Repenomamus*
生存年代：早白垩世
生物学分类：三尖齿兽类
主要化石产地：中国
体形特征：身长1.0米
食　　性：肉食性
释　　义：兼有爬行动物和哺乳动物特征的兽类

>>>

　　1.23亿年前的早白垩世，中国辽宁朝阳地区。这天早晨，太阳马上就要跃出地平线，环绕岛屿和湖面的薄雾正慢慢散去。湖边上，一头强壮爬兽正在喝水，殷红的鲜血从伤口慢慢流到水里。半小时前，它不慎误闯了一头巨爬兽的地盘，被块头比自己更大的领地主人狠咬一口，只得落荒而逃。它喝

了些水补充体内水分，伤口也慢慢凝固了，想找点儿鲜肉补补身体。草丛沙沙作响，强壮爬兽觉察到草丛后面的异动，迅速隐蔽起来，它看到一条鹦鹉嘴龙正带着20多条幼龙在草丛中觅食。这是一种小型植食性恐龙，因嘴喙酷似鹦鹉而得名。成年鹦鹉嘴龙最长可达1.5米，幼龙就小得多，刚出生不久的不过25厘米。在它们浑然不觉中，强壮爬兽突然从草丛背面疾跑而出，高速冲入惊慌失措的小鹦鹉嘴龙群中，精准地咬住了其中的一条幼龙，然后又迅速消失在草丛中。

>>>

爬兽最初发现于2000年，命名为强壮爬兽，巨爬兽则是据新近发现的化石命名的新种。它们属于三尖齿兽类（因臼齿上有3个笔架式的小尖而得名），主要发现于辽宁朝阳北票地区。其口中长着硕壮尖利的门齿，头部有大量肌肉附着的痕迹，表明有强大的吞咬能力。解剖特征表明，它们有较长的躯干和短而粗壮的四肢，呈半直立状行走，有点儿类似现代生活在澳大利亚的袋獾。

在人们的印象中，中生代的哺乳动物都像鼠、鼩一般小，昼伏夜出，鬼鬼祟祟地生活在恐龙的阴影下。殊不知，强壮爬兽偏偏就能干掉恐龙呢！在2005年1月的《自然》杂志上，古脊椎所的研究员发表了一篇文章，公布了他们对一具强壮爬兽化石的研究成果。在这头强壮爬兽的腹腔内，竟然有吞食后尚未消化的鹦鹉嘴龙的骨骼。

这团骨骼是该所高级技师在修理爬兽骨架的过程中发现的。骨团下部有两排牙齿，经观察比较后认定为一条幼年鹦鹉嘴龙的牙齿；而骨团表面又可清楚地分辨出与其相匹配的前肢、后肢、趾骨和许多两端已被消化的大小骨头，有些相互之间仍可看出活着时的连接状态。

这团骨骼很可能就是整条幼龙的遗骸，而关节相连的肢骨表明爬兽在捕获猎物后大块撕碎吞食猎物，几乎少有咬碎咀嚼。由于猎物未被完全消化，这条爬兽应该是在享用完"最后的晚餐"后不久，就被突如其来的灾难（如火山爆发）致死并很快埋藏。幼龙的牙齿上有轻微的磨蚀面，说明它自己已经用牙齿磨咬过食物。因此，爬兽享用的是一条已出生且能自主活动的幼龙，而不是尚在蛋中的龙胎。

那么，如何证明它吃的是捕到的活龙崽，还是只不过是龙尸腐肉？据分析，爬兽的门齿粗壮，咬肌发达，又有半直立的行走姿态，足以能捕捉叼衔活的猎物，而且其牙齿并不利于咀嚼，只好像鳄鱼一样大块整吞。科学家们据此推断，爬兽极有可能是主动猎食者，而不是腐食者。这一发现大大改变了过去对中生代哺乳动物的看法，原来它们之中也有比小型恐龙还大、甚至可能是行走于光天化日之下的食肉动物。

跑犀

古兽档案

中 文 名 称：跑犀
拉 丁 文 名：*Hyracodon*
生 存 年 代：始新世—中新世
生物学分类：奇蹄目
主要化石产地：欧洲、亚洲、北美洲
体 形 特 征：身长1.0米
食 　 　 性：植食性
释 　 　 义：蹄兔的牙齿（原鉴定错误）

>>>

　　渐新世的蒙古虽然日趋干燥，但却仍不缺乏生机。在零星的湖泊周围，生长着成片的莎草和胡桃树、杨树，一群山羊大小的跑犀正在湖边进食和休息，它们灵巧地在沙丘和倒塌的树干之间穿梭，寻找着可口的浆果。一只犬熊趴在一段枯木后面，注视着它们的一举一动。虽然它只有1米多长，但也

足以杀死一头跑犀了。这时一头跑犀发现了它的踪迹，犬熊只好立刻疾冲而上，没费什么力气就把它放倒在地。而刚才还在这里徘徊的那群跑犀早就不见了踪影……

》》》

跑犀是犀牛家族中最古老的成员，它们最早可能在早始新世就出现了，自成一个跑犀科。其形态非常特殊，与其说是一种犀牛，倒更像一匹怪异的马或貘。跑犀的体形和体态都和很多最古老的奇蹄类动物并无太大差异，并没有犀类动物的显著特征。它们的门齿和犬齿锋利，白齿是低齿冠，鼻骨上没有长角的痕迹；前脚上有4个脚趾，后脚则是3个（现代犀牛前后脚都是3趾），都是比较原始的表现。跑犀个头很小，骨骼轻巧，脖颈长而灵活，加上平直的脊背和很长的腿骨，显然是一类能快速奔跑的犀牛。

跑犀虽然整体上很原始，但后期种类也显示出一些进步之处，如牙齿变得逐渐更适应吃草。人们普遍认为跑犀生活在森林或灌木丛中，它们小巧的体形非常适合在植物之间穿梭，成小群的寻找食物果腹。在确认安全的时候，它们也会到开阔的林地或河湖边上活动。跑犀的天敌主要是一些当时的小型食肉动物，而它们唯一的自卫手段就是迅速逃跑。

在北美洲的跑犀中，内布拉斯加跑犀是最为人们所了解的一种。它们的头骨较为粗壮，而且门齿和犬齿形态几乎一样，这就是说它们之间可能相互用门齿撕咬对方，尤其是在雄性争夺配偶时。它们的眼窝比较大，或许其视力要比现在犀牛强得多，甚至在夜晚也能行动自如。内布拉斯加跑犀的颊齿比较高，这意味着它们能吃更多粗糙的食物，或许这就是在其他跑犀相继灭绝后它们还能继续繁荣一段时间的原因。

亚欧地区的跑犀种类很多，但被人们所熟知的却很少，其中值得一提的是原蹄犀。这是主要分布于亚洲的一类跑犀，只有少数生活在欧洲。虽然它们分布比较广泛，但只有三四种。其身材只比普通的狗略大，而且非常瘦弱，牙齿也很原始。在我国云南等地曾经发现过大量的原蹄犀化石，这里很可能是它们重要的演化地区。

虽然跑犀在渐新世相当繁盛，但是进入早中新世后便消失了，其灭绝无疑是渐新世过渡到中新世时期剧烈的气候环境变化所致：气候的改变导致灌木和柔软植物的减少，大部分跑犀的牙齿无法适应草原上的植物。另外，人们相信，中新世开始出现的三趾马和原始的偶蹄类在各方面都比跑犀进步得多，原始的跑犀难以抵挡这些后起之秀的竞争，在双重压力下终于灭绝了。

披毛犀

古兽档案

中文名称：披毛犀
拉丁文名：*Coelodonta antiquitalis*
生存年代：更新世—全新世
生物学分类：奇蹄目
主要化石产地：亚洲北部、欧洲中北部
体形特征：身长4.0米，身高约2.0米
食　　　性：植食性
释　　　义：具有空腔的牙齿（兽）

>>>

　　这是一个凉爽的傍晚，空气中弥漫着新生植物的芳香。谷地边的平原上稀稀落落地长着几丛莎草，几株孤单的松树投下一道道黑影。成群的野马奔驰在草原上，而在更远的地方，巨大的冰川反射着太阳的余晖，几头披毛犀正在谷地的斜坡上吃着青草。对这些迟钝的冰原巨兽来说，温暖的气候并不适合它们，每年夏天它们都会向北迁徙，来躲避夏日的高温。它们没有注意到，远处的冰川正在一点点崩落，化为汩汩的流水。全球的温度逐年上升，覆盖了大地几万年的冰河正在消融，一个时代即将结束。这对于披毛犀等冰河期动物来说并不是好消息，它们的浩劫就要到来……

>>>

俄罗斯的西伯利亚就像一个大冰箱，保存了许多史前动物的尸体。除了著名的猛犸象冻尸，人们还曾在这里幸运地发现了几只埋藏在冻土中的披毛犀。根据它们的尸体，我们知道披毛犀是一种浑身披着长毛、能抵御寒冷气候的冰河巨兽。

披毛犀属于额鼻角犀类，和现代的苏门犀有较近的亲缘关系。它们属于真犀类的一个亚科（额鼻角犀亚科）。不过披毛犀属于这个家族的另外一个支系——腔齿犀类。

披毛犀只生活在更新世时期的亚欧大陆北部地区，没有像与之共同生活的猛犸象、狮子那样进入北美洲。它们最早出现在约200万年前的亚洲，在40万年前的中更新世进入欧洲大陆，占领了除意大利、希腊南部和斯堪地纳维亚半岛之外的整个欧洲。此后它们广泛生活在凉爽的草原、苔原和冰原地区，成为当时北方最繁荣的一种犀牛。

典型的披毛犀身高超过2米，在额头和鼻骨上各生长着一个犀牛角，前大后小。根据保存下来的遗骸，人们得知披毛犀的鼻角是扁平的，能用于清除地面的积雪以寻找植物，角上的痕迹证明了这一点。

虽然披毛犀没有门齿，但是这并不影响它们进食，它们会用簸箕一样的大嘴把植物吃到嘴里，然后用后面的颊齿嚼烂。这些齿冠很高，珐琅质表面有许多褶皱的牙非常适合咀嚼质地干燥、容易磨损牙齿的草本植物。其四肢虽然短粗，但非常强壮，因此披毛犀的迁徙能力很强，能迅速从亚洲扩散开并且进入欧洲。

经过多年研究，古生物学家认为披毛犀在晚上新世就已经从真犀族里分离开了，并且在更新世冰期发展起来。最早出现在亚洲北部的是一种体形较小、构造比较原始的披毛犀，这种披毛犀在中国北方很多地方都有发现，这就是因最早发现于河北省泥河湾而得名的泥河湾披毛犀。它们生活的环境还不是非常寒冷，因此其身上可能只有少量毛发。

到了中更新世，我国北方生存的是另外一种披毛犀，它们较泥河湾披毛犀进步，但比晚更新世的披毛犀原始，被认为是披毛犀里一个原始的亚种，即披毛犀燕山亚种，又称燕山披毛犀，它们主要生活在中更新世较温暖的冰期。由于其化石与只在较温暖森林地区发现过的梅氏犀一起出现，它们可能是比较适应较冷环境、但同时也经常进入温暖地区的动物，仍然不是特别耐寒。披毛犀大约生存在60万至30万年前。

进入晚更新世后，我们熟悉的披毛犀才进化出来。这时的披毛犀已经是一种高度适应寒冷气候的冰河期犀牛了，它们一直生活到大约1.1万年前的晚更新世，才与史上最后一次冰河时代一起消逝。

146

奇角鹿

古兽档案

中 文 名 称：	奇角鹿
拉 丁 文 名：	*Synthetoceras*
生 存 年 代：	早中新世—早更新世
生物学分类：	偶蹄目
主要化石产地：	美国南部、墨西哥
体 形 特 征：	身长2.0米
食　　　性：	植食性
释　　　义：	联合的角（兽）

▲此图为一雌一雄奇角鹿

>>>

147

　　落基山南麓的一个山坡上，几只奇角鹿正在通往草场的路上跋涉。这一群共有五只成年雌兽、四只幼兽和未成年兽，而雄兽平常是自己组群的。它们比梅花鹿大一些，修长的四肢和颈子使它们看起来有点儿像骆驼，另外每只雌鹿都在眼睛上方长着一对未分叉的弯角，而今天的鹿类通常只有雄鹿才有角。

　　1 000多万年的进化，使它们早已适应这里贫瘠的植被和崎岖的地形，岩缝间的青草足以维持生存。不过，今天它们遇到了麻烦，三只陌生的雄鹿捷足先登，在原本属于它们的草场上大吃大嚼。这些雄鹿的模样比雌鹿更加古

怪，除了个头更大之外，鼻子上方都长着一只"Y"字形的角。

眼下还没到繁殖期，这次相遇对它们来说只是争夺资源。领头的雌鹿喷着响鼻，前蹄一下下踹向地面。对面已有防备的三只雄鹿也不示弱，一个个如法炮制。双方就这样对峙了几分钟，雄鹿们大概是考虑到对方势众，又是"主场"，只好灰溜溜地离开了……

》》》

奇角鹿属于早期鹿类的一支——原角鹿科，与现存的鹿科动物没有太近的亲缘关系。其祖先可以追溯到3 800万年前的原角鹿，它们只有1米长，无论雌雄头上都没有角，却有六个骨质隆起（其中两个在鼻子上方），生活在丘陵和高山地区。而比奇角鹿稍早的并角鹿体型略小，鼻子上的两只角呈"V"字形，只在末端有一点相连。到了奇角鹿身上，两只鼻角才终于合二为一，形成到角尖才分叉的"Y"字形，如同小孩子手中的木制弹弓。

奇角鹿直到180万年前的早更新世才灭绝。它们的家史虽长，化石却稀少，可能是山地环境不利于化石形成所致，也可能其数量本来就不多。它们的脸像马脸一样窄长，超过现存的任何鹿和羊，有助于迅速发现敌人。其齿冠较高，能研磨较硬的植物，这说明它们已经是真正的食草动物，而早期植食性动物的低冠齿若是吃草很快会磨坏。不过，其前足还保留4趾而不是2趾，雄性还长着大的犬齿，都是比较原始的特征。其习性可能与山羊类似，在山区结小群生活。

在今天的哺乳动物中，牛、羊、鹿和长颈鹿等所有长角的偶蹄类动物都是把角长在头顶上，长在鼻子上的犀牛角也是特化的毛发而非骨头。但在已灭绝的古兽中，角状鼻骨却是屡屡出现的"时尚"，并角鹿、雷兽类动物、重脚类动物、恐角类动物甚至一些啮齿类都曾演化出了这种现代人看来奇形怪状的结构。

骨质鼻角由于内含有神经和血管，脆弱易断，不像实心的牛羊角、鹿角和犀牛角那么结实，很难作为防御敌害的武器，更可能是同类间求偶炫耀的工具。原来，犄角、尾羽这些第二性征越发达的雄性个体，通常也越健康、越强大，有利于获得雌性垂青，产生更多后代。因此，虽然这些结构发展到一定程度会成为活动的累赘，同时体形也不得不相应增大，但自然选择的规律还是让它们在这条道路上不可避免地越走越远。其结果往往是因过分特化走进进化的死胡同，在环境剧变面前无力抵抗而灭绝。

在千万年的气候变迁、冰川进退的严酷考验之后，剩下来的哺乳类动物都是些精兵强将，也许不够壮观但更具适应力。奇角鹿尽管顽强地生存了2 000多万年，给"华而不实"的鼻角动物挽回了不少面子，但还是没能挡住冰河期的环境剧变和新兴牛科动物的竞争势头，带着"鼻角一族"最后的荣耀消失了。当然，如果上天和人类能给地球一个上千万年的稳定环境，没准哪天又有某种动物会在鼻子上长出角来。

嵌齿象

古兽档案

中 文 名 称：嵌齿象
拉 丁 文 名：*Gomphotherium*
生 存 年 代：中新世—早更新世
生物学分类：长鼻目
主要化石产地：欧洲、亚洲、非洲、北美洲
体 形 特 征：身长4.5~5.5米，身高2.5米
食　　　性：植食性
释　　　义：具有闩形颌部的野兽

>>>

　　炎热的中午，草原上很少有动物愿意出来活动，大都在静静休息。一小群维曼嵌齿象正在采集着食物，领头的是一头老年雄象，周围散布着六头雌象和一头小象。它们不停地用长长的下颌和鼻子把树枝拉低，然后把树叶送到嘴里。嵌齿象的寿命不长，只有30多年，而这头雄象已经27岁了，相当于人类70岁高龄了，它颌骨两侧的长牙已经快要掉落。在它的带领下这群象已平静生活了十多年，但是这些敏锐的动物感觉到周围的环境正在变化：森林越来越稀疏了，灌木也越来越少了，经常在身边跑来跑去的鹿再也看不到了，草原上却逐渐多了许多犀牛和三趾马。这群嵌齿象决定进入森林躲避酷

暑，它们刚刚进入森林就和另外一群象擦肩而过。嵌齿象惊奇地看着眼前这些陌生的象，这些是最古老的真象——剑棱齿象。维曼嵌齿象并不知道，这些样子奇特的古象尽管才刚刚出现，但它们已注定要在不久后彻底替代古老的嵌齿象家族……

>>>

嵌齿象是象类进化中的基石，属于古象家族中的乳齿象亚目、嵌齿象科。嵌齿象与其他象类最显著的差异就是，它们不仅上门齿非常发达，还有很长的下颌和下门齿。它们的嘴在闭合时，下颌联合部延长的部分会像门闩一样嵌在上门齿中间。

嵌齿象类是乳齿象家族中最成功的成员之一，在它们消失时多数乳齿象都早已灭亡。嵌齿象最早起源于非洲，但是人们没有找到特别古老的嵌齿象化石，似乎它们是一下子就在亚欧大陆出现的。在始祖象之后的渐新世期间，世界各地都没有发现任何古象化石，这就是象类进化历史里著名的"空白期间"。这种情况一直持续到早中新世，人们在非洲发现了早期的恐象，同时亚欧大陆上出现了著名的"象事件"，就是说在欧洲和亚洲首次发现了象类的化石。

嵌齿象又称三棱齿象，这是因为其臼齿上有3道齿脊。它们主要生活在河流、湖泊地区，食物是柔软的树叶、灌木和果实等。早期的种类个体较小，后期则有所增大，大小已接近现代的象了。不过它们的外貌不同于现代象类，除独特的牙齿与下颌外，它们的颈部要比现代象灵活得多，头部占身体的比例也大得多，主要也是因为下颌相当长的缘故。其鼻孔位置较靠上，鼻子很发育，因此其长鼻应该非常灵活。它们的颊齿比最早期的乳齿象类进步，齿脊上有乳头状凸起，这也是其俗名乳齿象的由来。后期的嵌齿象往往有非常复杂的齿柱构造，齿冠很高，白垩质也很丰富，能增加研磨食物的效力。

嵌齿象的四肢较短，但很粗壮，身躯显得又矮又长。这种构造表明，它们是一类运动能力相当强的古象，迁徙能力很强。

嵌齿象主要分布在亚洲、非洲、欧洲，并且在晚中新世到达北美洲。其数量也相当多，甚至在一些地区的动物群中占了绝对优势。同时嵌齿象对环境的改造能力也很强，这可能也是广泛分布的原因之一。

大约在700万年前，嵌齿象家族开始逐渐凋零。亚洲、欧洲和北美洲的嵌齿象相继灭绝，只在少数地区进入了上新世。人们认为上新世草原的拓展和气候的转冷是嵌齿象灭绝的一个原因，另外在晚中新世晚期开始崛起的进步象类——真象，很可能也通过竞争排挤了它们。而幸存下来的少数嵌齿象有一个共同特点，就是它们的牙齿较为进步，这样就能在激烈的生存竞争中比原始的嵌齿象更有优势。随后人们在美国和非洲等地又都发现了残存到更新世的嵌齿象，但一般公认它们在中更新世就已在地球上消失了。

150

强齿袋鼠

古兽档案

中 文 名 称：强齿袋鼠
拉 丁 文 名：*Ekaltadeta*
生 存 年 代：中新世
生物学分类：有袋目
主要化石产地：澳大利亚
体 形 特 征：身长1.5~1.7米，身高1.5米
食　　　　性：肉食性
释　　　　义：强壮的牙齿（兽）

>>>

　　澳大利亚的东部平原上，一群红袋鼠正在休息，几只小家伙在模仿成年袋鼠进行搏斗。在这片祥和景象的背后，几只相貌狰狞的强齿袋鼠窥视着这一切。这是一种大型的食肉袋鼠，平日就靠捕杀它们的袋鼠同类过活。现在它们盯上了这群红袋鼠，没有隐藏自己，而是明目张胆地冲了出来。红袋鼠张望一下，开始逃跑。依靠强壮的四肢和短距离内快速的奔跑能力，强齿袋鼠很快就追上了红袋鼠，用强壮的前肢对猎物一阵猛抓，使几只红袋鼠失去平衡摔倒在地，并用锋利的牙齿将它们咬得遍体鳞伤。要不了多久，这里就什么也不会留下了……

>>>

本书截稿前不久，澳大利亚古生物学家声称在昆士兰州西北部发现了新的食肉袋鼠化石材料，这些新的化石将会让人更深地了解它们是多么奇异的动物。

其实，食肉袋鼠并不是一种动物，而包括了强齿袋鼠、原麝袋鼠和杰氏袋鼠3个属的成员。它们虽然也是吃肉的有袋类，却与更著名的袋狮、袋狼等并不相同。经过澳大利亚古生物学家的研究，人们发现这些肉食性袋鼠的亲缘关系很近，能分到同一个亚科——原麝袋鼠亚科中，亲缘关系上与现代的麝袋鼠最密切。麝袋鼠是现存袋鼠当中个体最小、最原始的，它们并不像大多数袋鼠那样只用两条后腿跳跃，而是以四足跳跃或奔跑的方式来行动。

1985年，人们发现了一种牙齿特别强壮的食肉袋鼠，故将其命名为强齿袋鼠。其中最出名的是死神强齿袋鼠，其名称源自澳大利亚原住民部落一直称呼这些化石是"宣布死亡"的袋鼠。这种袋鼠是到目前为止人们发现的最古老的食肉袋鼠，它们的体型较小，只有1.5米左右，却是最古老的肉食性袋鼠。

强齿袋鼠最早出现在早中新世，很可能是晚期肉食性袋鼠的共同祖先，新近发现的更多化石也支持这种看法。最后一类则是1993年才在昆士兰发现的杰氏袋鼠，主要生活在早上新世。当它们逐渐走向没落时，食肉袋鼠家族的黄金时代也结束了。

与现代人熟悉的大袋鼠不同，食肉袋鼠的前后肢长度差不多，粗壮的前肢上长有利爪。一般认为它们和麝袋鼠一样是四肢行走的，加上它们较瘦的身躯和长方形的头骨，看上去更像一只长腿、粗尾巴的狼。

古生物学家认为，食肉袋鼠应该是性情凶暴、能快速追逐其他动物的猛兽，并且成小群生活，是当时澳大利亚草原上诸多食草有袋类的噩梦。

食肉袋鼠的裂齿不如袋狮、袋狼发达，也没有猫科、犬科动物那样强大的犬齿，它们的秘密武器是特殊的门齿和前白齿。如原麝袋鼠的上门齿很粗壮，向前下方生长，而水平向前的下门齿则大得更多，几乎能占到下颌长度的1/3，齿刃锋利。另外其第三前白齿特别粗大，如同一把锉刀。它们在近身攻击时，会用强壮的前肢控制住猎物，然后张开嘴用门齿将其咬住。这时，锋利的下门齿就会像刀子一样深深地刺进猎物的要害，再加上锉刀般的前白齿配合撕咬，任何猎物都会很快血肉模糊的。

不过，人们虽然已对食肉袋鼠有了一定了解，但随之而来的问题也更多了。它们的祖先是谁？它们是怎么进化出这样的形态的？……目前科学家还无法回答这些问题，或许我们只能把解决这些问题的希望寄托在澳大利亚这片古老的大陆上，希望更多的化石能够揭开围绕着它们的层层谜团。

犬熊

古兽档案
中 文 名 称: 犬熊
拉 丁 文 名: *Amphicyon*
生 存 年 代: 晚始新世—晚中新世
生物学分类: 食肉目
主要化石产地: 亚欧大陆、北美洲
体 形 特 征: 身长约2.0米
食　　　性: 肉食性
释　　　义: 两边的、两倍的犬

>>>

　　过于平静的地方总是隐藏着更大的危险，这里太安静了，甚至连鸟鸣都听不到。就连反应迟缓的矮脚犀都似乎预感到了什么，正在不停地嗅着。不远处的几只柄杯鹿更是紧张地不停地踏着地面，打着响鼻。

　　灌木丛后，一个健壮的身影一闪而过，鹿群骚动起来，但是随后并没有发生什么。柄杯鹿放松了警惕，陆续走到湖边开始喝水。来的不是别的动物，正是一头犬熊。它的目标不是远处那头矮脚犀，而是前面这几只柄杯鹿。盘算好了时机，犬熊迅速冲出了藏身的灌木丛，眨眼间就冲到了柄杯鹿的身旁。攻击很快就结束了，犬熊吐着舌头喘息着，看着落荒而逃的柄杯鹿跑向远方……

>>>

顾名思义，犬熊类是指曾经在地球上生活过的一群既像犬又像熊的动物。早期科学家曾因其齿系类似犬科动物而将其归入犬类，也曾被称为半犬。近来随着化石记录的增加，科学家们经过研究，重新把它们归入熊超科，下面单独建立犬熊科。

犬熊科动物在地球上生存的时间相当长，从始新世末期即有相关化石被发现。典型的犬熊属成员最早于中渐新世出现在西欧，并在那里演化到整个犬熊类族群灭绝的晚中新世。它们在当时显示出了对环境的较强的适应力，很快就南下非洲，东进亚洲，最后进入北美大陆，并在各地独立演化出大型种类，像欧洲的巨犬熊、亚洲的孔子犬熊、北美洲的长吻犬熊等。

当时北美洲食肉动物群竞争非常激烈，强健的猫科动物剑齿虎和大型假剑齿虎类最后的辉煌——巴博剑齿虎正在一较长短，而北美洲土著的恐犬类似乎更是犬熊类直接的竞争者。然而犬熊类不但在北美洲牢牢站稳了脚跟，更在这里分化出了许多物种，占领了多个生态区位。

以长吻犬熊为例，它们是生活在北美大陆南部的大型犬熊类，大小与现代的北美灰熊类似，体重300千克左右，在早中新世就已成为当地的顶级掠食动物之一。

与棕熊相比，长吻犬熊的牙齿与颌骨更为有力，但颅容量明显较小，显示出一定的原始性。其猎杀一般依靠埋伏袭击，它们的短距离冲刺相当迅速，步伐跨距很大，能以巨大的前爪扑倒猎物，加上牙齿的压迫，使猎物很快停止挣扎。

犬熊类是一个种类繁多的群落，其外形有的像豺狼，有的像鬣狗，有的则很像熊类。其中小型种属的牙齿大多锋利而适合切割，是积极猎捕者的利器；而少数大型种类的牙齿比较粗大而钝化，适合轧碎骨骼，暗示它们可能有较明显的腐食习性。当然，它们之间也有很多共性，如雄兽明显大于雌兽、都有挖洞居住的习惯等。

最终，犬熊类也难逃盛极而衰的命运。到晚中新世，成功分布于世界各地的犬熊类开始出现减少趋势，在其后的短短几十万年中陆续灭绝。而其中唯一可能的理由，恐怕仍要归于地球气候环境的变化。

▶大型假剑齿虎科动物最后的辉煌——巴博剑齿虎